U0185516

后浪

THE STORY OF KEW GARDENS in PHOTOGRAPHS

邱园的故事

Lynn Parker

&

Kiri Ross - Jones

[英] 林恩·帕克　[英] 基里·罗斯–琼斯　著　　陈莹婷　译

上海文化出版社

图书在版编目（CIP）数据

邱园的故事 / (英) 林恩·帕克, (英) 基里·罗斯-琼斯著 ; 陈莹婷译. -- 上海 : 上海文化出版社, 2020.12

ISBN 978-7-5535-2091-9

Ⅰ. ①邱… Ⅱ. ①林… ②基… ③陈… Ⅲ. ①植物园—历史—英国—摄影集 Ⅳ. ①Q94-339

中国版本图书馆CIP数据核字(2020)第171859号

出 版 人　姜逸青
策　　划　后浪出版公司
出版统筹　吴兴元
编辑统筹　郝明慧
责任编辑　任　战
特约编辑　程培沛
版面设计　黄瑞霞
封面设计　墨白空间·何昳晨

书　　名　邱园的故事
著　　者　［英］林恩·帕克　［英］基里·罗斯-琼斯
译　　者　陈莹婷
出　　版　上海世纪出版集团　上海文化出版社
地　　址　上海市绍兴路7号　200020
发　　行　后浪出版公司
印　　刷　天津图文方嘉印刷有限公司
开　　本　889 × 1194　1/16
印　　张　26
字　　数　207千
版　　次　2020年12月第一版　2020年12月第一次印刷
书　　号　ISBN 978-7-5535-2091-9/K.232
定　　价　128.00元

目 录

序

本书不仅全面展现了邱园的历史，更通过摄影集的形式，试图讲述一个充满爱的植物园的故事。对一些人来说，它能唤醒大众对一个众所周知的地方深情的记忆；但对其他人而言，它将带领读者第一次认识邱园。

皇家植物园——邱园在1840年变成一个公共机构，从此进入发展盛期，摄影技术也于彼时兴起。通过这本书，我们可以见证它们的发展历程。摄影技术是在19世纪上半叶普及开来的，它从发明家——英国的威廉·亨利·福克斯·塔尔博特和法国的路易·雅克·芒代·达盖尔的实验中诞生。随着这项新兴技术的蓬勃发展，照片逐渐成为记录一个快速变化的时代的理想工具，福克斯·塔尔博特最初便用它来充分发挥自己探索植物的热情，人们发现他的“光晒成像”（photogenic drawings）技术最初的主题即“花朵和叶子”。

本书以邱园的景观和建筑建造为主线，描绘出邱园发展成一个大型公共机构的历史轨迹，还讲述了许多邱园职工和访客视角下的故事。这些照片有不少之前从未面世，借由本书，我们很高兴向广泛的读者群分享它们。这些照片记录了邱园经历的扩张、繁荣和灾难岁月，同时本书通过描述邱园与英国殖民地的联系及其对全球矛盾和战后余波的回应，将这座植物园置于国际大环境的背景中考量。

邱园系列的摄影照片来源广泛，从商业明信片到探险相簿应有尽有，散布在档案文件和艺术收藏品中。邱园的第一位官方摄影师杰拉尔德·阿特金森于1922年开始在植物园工作；之前，邱园会委托自由摄影师来根据一系列实际用途给植物园拍摄照片，照片还会被制作成明信片和出版物的插图，如《邱园协会杂志》。1928年涌现的照片数量最多，因为邱园从摄影师爱德华·沃利斯那儿购买了5 000张底片，如今这批照片成了该历史相册的主干。20世纪60年代，邱园成立了一个摄影部门，该部门一直在为邱园的照片收藏贡献着新的资料。

在摄影技术尚未诞生的时候，博物学家会用素描的方式快速勾勒出他们采集研究的植物、亲身领略的风景和接触到的不同文化。19世纪，随着摄影新媒介兴起，植物学家终于能够借助新兴手段来记录他们的经历了。早期的摄影设备都很笨重且难以携带，玻璃底片容易受损、曝光和遭受虫害，相机本身也容易受潮。尽管后来设备变得轻便，也更容易使用，但仍遗留了许多相同的问题。尽管绘画一直是植物猎人创作的重要工具，也是记录标本的首选方式，但带回的照片却能带领我们见识野外生活的面貌。

在邱园的经济植物博物馆及后来的园艺学校，相册也曾是一种重要的教学工具。这两地都积攒了丰富多彩的图像资料。园艺学校的幻灯片库涉及园艺实践和学生生活的场景，而博物馆的图像集则囊括了私人拍摄的殖民地植物园照片、由政府官员创办的种植园和一些经济作物的记录，以及相关产业的宣传资料等。

为了生动地展示 19 世纪和 20 世纪邱园的历史面貌，我们从邱园的数千张照片中精挑细选，做成了这本摄影图集，书中的照片记载了邱园的重大变化和事件。这些变化和事件，推动着邱园从一个小型私人的皇家植物园成长为今日全球闻名的国际科研中心和重要景点。

▲

这张最早的棕榈温室外观照片是用银版摄影法（daguerreotype）拍摄的。这种照相术在 1839 年已臻成熟，并持续流行至 19 世纪 50 年代。铜片表面被镀上薄薄的银层且经过高度抛光，这样图像才能显示在铜片上。因为照相机的缘故，图像的尺寸非常小。银版照片非常脆弱，对触摸特别敏感，其表面像镜子，观看时需要倾斜一定的角度。这种照片不耐磨损，颜色也容易变得黯淡。

建造邱园

邱园（原文为 Kew Gardens，根据英语语法，gardens 是复数形式，表示多个花园，下文将解释这里的 garden 为何用复数——译者注），当今世界文化遗产和国际最著名的植物学研究机构之一，其前身却是属于私人地产的一大片带状农田。自 16 世纪起，与里士满（Richmond）比邻而居的王室给该地带去了繁荣，朝臣们都希望住在新建成的里士满宫附近，于是向邱园前身租来土地，以便建造华丽的宅第，比如荷兰宫 [Dutch House，即后来的邱宫（Kew Palace）]。

王室权贵

18 世纪早期，两名王室成员在该地定居——威尔士亲王乔治（即后来的乔治二世）和他的妻子卡罗琳王妃住进里士满房舍，他们的儿子弗雷德里克接管了邱园的巨额资产，即邱园农场。弗雷德里克和他后来的妻子奥古斯塔彻底改变了邱园面貌，他们用白色灰泥包层翻新了农场，由此创造出白宫并扩建和美化了庭园。

1759 年，弗雷德里克逝世几年后，奥古斯塔和比特伯爵一起在邱园这块土地上建造了植物园。皇家账目显示，一位名叫威廉·艾顿的园丁曾被雇来打理邱园内的“本草园”，这被认为是皇家植物园的起点。在此期间，雄心勃勃的景观建造方案和威廉·钱伯斯的一些中式设计，使得邱园逐步变成一座著名的园林。1772 年，奥古斯塔去世，乔治三世继承了邱园遗产，并将它与里士满的王室财产合并，所以今日的“邱园”其实包含了多座园林的含义（因此 Kew Gardens 要用复数形式）。

到了 19 世纪 30 年代，即乔治四世和威廉四世的统治时期，资金不足加上王室对植物学缺乏兴趣，邱园一直在走下坡路。威廉四世死后，在杰出的植物学家约翰·林德利的引导下，财政部于 1838 年开始对皇家植物园进行调查。于是，邱园在 1840 年那年从私人的皇家植物园脱胎为国家的林木管理处，一个世纪的王族统治宣告结束。

胡克掌舵

在邱园被指定成为国家植物园后，一位行业领袖试图挽救衰落中的邱园。他就是出生于诺福克郡的威廉·胡克，一位狂热的自然学家。威廉·胡克 35 岁就取得了格拉斯哥大学的皇家钦定植物学教授之职，但他渴望回到南方，因为他觉得南方是科学研究的中心，于是把目光投向了邱园。他结交了一帮有权有势的朋友，通过他们的影响力，胡克于 1841 年当选为第一任园长。胡克富有魅力和社交才干，懂得如何与政府官员打交道，是该职位的理想人选，他领导邱园走上了转型之路。

1844 年，棕榈温室成为威廉·胡克监督的第一个大型建筑项目。当时的温室破陋不堪，已不适合用明火加热（会引起云雾缭绕的烟灰）。该项目的建筑师是德西默斯·伯顿，总工程师为理查德·特纳。1845 年 10 月，人们“种下”了棕榈温室的第一根肋木，然而工程进展很缓慢，直至 1848 年 11 月，最后的深蓝绿色涂层才终于完成。棕榈温室的建成是一个巨大的成功，维多利亚女王深深地为它着迷，曾三次访问邱园，尽管那会儿它还处于施工阶段。

▶

这是第一张棕榈温室内部面貌的照片，摄于 1847 年 7 月 24 日，出自伦敦一流的银版照相师安托万·F. J. 克劳德特之手，那时温室仍在建造当中。威廉·胡克在 1848 年 2 月 15 日写给亨利·福克斯·塔尔博特的一封信中提到，一张“银版摄影的照片……在我客厅的壁炉之上……没有引起注意”。胡克显然想用最先进的技术记录他的新棕榈温室，他要求“在往温室栽入植物之前，完成一幅该建筑的内部视图”。但他也重视保存任何已有的照片，并打听是否“有一种表现手法可以将照片裱起来，使其能暴露于光照下却不受损害”。关于照片前景中那两位男士的身份还存在一些争议。有人认为是威廉和约瑟夫·胡克，抑或是温室的设计者德西默斯·伯顿和工程师理查德·特纳。

景观设计师威廉·纳斯菲尔德受聘负责邱园的美化工作，并且承担了为国家植物园的规划制定方案的职责。根据分类学理论，邱园对 2 000 多种植物和 1 000 多个变种进行了分组栽植。

1845 年，人们围绕邱园开展了各式各样的景观建设，比如宝塔透景线、步行道（从正门通往棕榈温室的一条砾石步道），以及塞恩透景线——1852 年竣工，打通了泰晤士河各个景点之间的联系。纳斯菲尔德还设计了一个复杂的花坛，并拓宽了池塘，以便为棕榈温室营造出壮丽的环境。

除了像宝塔这类地标被保留下来外，邱园还添加了一些新的建筑和有特色的设计。第一座博物馆（前身是一个水果店）于 1848 年开业，伯顿设计的一座博物馆（面朝池塘）于 1857 年开放，他设计的温带植物温室则于 1861 年启用，以容纳邱园收集到的越来越多的半耐寒植物。该温室的露天平台是人们开挖一个新湖时，用挖掘出的砾石铺成的。

威廉的儿子约瑟夫·胡克 7 岁就开始旁听他父亲讲课，并由此开始他的植物学研究生涯。从格拉斯哥大学获得医学学位后，他在 1839 年以外科医生助理的身份，跟随罗斯考察队登上皇家海军舰艇“厄瑞玻斯号”前往南极。1847 年至 1851 年间，约瑟夫到过印度和喜马拉雅山脉，收集了大量当时不为人知的植物品种，譬如今日常见于公园的杜鹃花，进而奠定了他作为著名的“植物猎人”和“博物学家”的地位。1855 年，约瑟夫被任命为邱园园长助理，这是他父亲为他保留的职位，因为在对邱园新收集的标本进行分类、命名和登记方面，没有人比约瑟夫更有资格了。

邱园早期的捐助者

1852 年，植物爱好者威廉·布伦菲尔德将自己收集的标本和图书留给了邱园，威廉·胡克为此寻找地方放置“两位威廉”的藏品，最终在邱园北侧猎人别墅的一楼给藏品安了家。1853 年，第一位植物标本馆馆长艾伦·A. 布莱克走马上任。

由于乔治·边沁等著名植物学家的慷慨捐赠，日益增多的标本和图书终究需要一座新的建筑来保存。约瑟夫·胡克在 1865 年接替父亲担任园长之职后，便向英国林木管理机构申请建造一座大楼。于是，一项新的扩建工程在 1876 年启动了。人们把现有标本按植物科属分类整理，再将其移到两个新修的长廊内。耳房的陆续落成，为不断增加的藏品提供了更多空间。

随着分类的藏品日益丰硕，人们对植物生理学的兴趣也与日俱增。1875 年，托马斯·乔德雷尔·菲利普斯－乔德雷尔，一位对科学研究感兴趣的慈善家捐助了 1 500 英镑用于新实验室的基础建设和相关设备引进。实验室是一栋单层砖砌建筑，位于邱园东面外围的瓜果小院内。其中有两间屋用于植物化学和芽接技术的显微研究，另有一小处空间用于气体分析。约瑟夫·胡克委派威廉·西塞尔顿－戴尔负责实验室，那年戴尔已是园长助理。两年后，二人成为翁婿。

1879 年 8 月，约瑟夫收到一封来自他朋

友的女儿、画家兼旅行家玛丽安娜·诺斯的信。自她父亲逝世10年以来，诺斯环游了全世界，并用大量的绘画作品来记录她的旅程。当时她向胡克提议，要把自己收藏的600多幅画作献给邱园，并为这些画的安置自费设计一间画廊。胡克立刻答应了，玛丽安娜便挑选地址，聘请建筑师詹姆斯·费格森来规划和监督她的画廊建造。画廊内设有一个工作室，供她和访问的艺术家们使用。今天，这位艺术家有超过800件作品在这个独特的画廊里展示。

在这些有影响力的开拓者的领导下，邱园逐渐成长为一个科研中心和欢乐园。世界其他地方极少有如此多样的标志性建筑，这些建筑中生存着各种各样的植物，也孕育着丰富多彩的科学和艺术。

伯顿和特纳为棕榈温室所做的宏伟设计借鉴了造船业的技术，其巨大的铁制拱架相当于一艘底朝天的船体的肋骨。特纳是当时蓬勃发展的温室建造业的领军人物，在熟铁的结构应用领域起着模范作用。为了支撑起棕榈温室的开阔空间，他设计了60根半拱形熟铁，并用自己的专业知识，消除了对破坏性支撑柱的依赖感。那些铁制品原本被刷上了深蓝绿色，玻璃则被涂成绿色，人们相信这样做可以促进植物生长，其他温室也纷纷效仿。然而，它随即带来了维护问题，玻璃更难被清洗，于是这种做法在1895年便被抛弃了。

▼

◄
邱园里最年长的温室植物，是一种产自东开普（Eastern Cape）的好像棕榈的泽米铁科大型植物——面包非洲铁（*Encephalartos altensteinii*），这也是世界上最古老的盆栽植物之一。1775 年，它被邱园最早的职业“植物猎人”弗朗西斯·马森从南非的东开普地区带回到邱园生活。从定居异乡以来，这种植物只在 1819 年结过一个球果，那是约瑟夫·班克斯离世前一年目睹的一件幸事。

◄
在现今的棕榈温室建成之前，邱园拥有 10 个温室，全靠烧火取暖，因此产生了大量烟灰。至 19 世纪 30 年代，这些温室的状况非常糟糕，特别是旧的棕榈温室。其间，邱园接收了许多的植物捐赠，迫切地需要为它们寻找妥当的存放空间。那时候，德西默斯·伯顿是皇家植物学会的建筑师，先前负责过查特斯沃思（Chatsworth）庄园的大型温室建造，所以成为设计邱园最优雅建筑的理想人选。该建筑于 1845 年开始破土动工，直到 1848 年 11 月第一批植物入住，其中最大的棕榈类植物被置于滚柱上，它们在卷扬机的辅助下被拖进屋。

◀
早些年，苏铁类和棕榈类植物被种在大盆里，然后放置在装饰华丽的铁格栅上方的长椅上。1854年，这块金属地板的一部分被拆除，地面被挖了洞，以便栽种最高的棕榈树。人们夸赞新建筑是一种成功，《柯蒂斯植物学杂志》用一则消息宣称，“近期，邱园为接收棕榈类植物而建造的宏伟温室已经种下棕榈树了，这些植物开始感受到将它们从旧炉灶移栽过来的好处，许多植株迅速生长，对那些没能见证这一奇迹的人来说这几乎不可思议。它们展现出了一些自然特性，甚至很多树还开了花、结成果”。这株东部非洲铁（*Encephalartos hildebrandtii*）于1901年从东非来到了英国邱园。

◀

威廉·A. 纳斯菲尔德是当时首屈一指的景观园艺师，他负责安装 12 台锅炉，地板铁格栅下的热水管贯通整座建筑，可以为庞大的棕榈温室加热。若从棕榈温室优美的轮廓曲线架起烟囱会显得不协调，因此锅炉冒出的烟，转而通过大约 150 米长的地下隧道，抵达现今维多利亚大门附近的一根烟囱后被排放出去。这些地下隧道还充当了运输燃料的隧道；直到 1951 年，焦炭手推车都是沿着铁轨被人力拉动的。今天，人们用天然气来加热棕榈温室，隧道则变成了棕榈温室管理员的办公室。

▶

在构成纳斯菲尔德花坛的花丛外，棕榈温室的烟囱从林立的树木间拔地而起。同维多利亚时代许多典型的工业建筑一样，它的功能也被隐藏起来，烟囱被伪装成一座高雅的意大利风格的钟楼，或者说钟塔，并用红砖砌成。它由伯顿设计，由托马斯·格里塞尔建造，整体高32.6米，其优美的线条与周围环境融为一体，使得这栋建筑成为周围景观的点缀，而非强加于周围景观的附属物。

◄

1843 年，维多利亚女王捐赠了 18 公顷的御花园，此园是专门用来培育树木的。后来棕榈温室在获批的土地上被建起来，威廉・胡克也因此制订了一个展示必需的乔木和灌木的计划。1848 年，威廉・纳斯菲尔德承担了创建国家树木园的艰巨任务。栽培工作耗费了 3 年时间，威廉・胡克宣称，这“或许是单一树木园所收纳的最齐全的植物种类了”。松树园——19 世纪 70 年代早期新增的区域，很大程度上源自约瑟夫・胡克的设想，是当时世界上针叶植物收藏种类最广泛的地方。

棕榈温室落成之后，纳斯菲尔德着手设计温室周围的环境。他用一系列花坛——由修剪过的树篱环绕着整齐的栽培区和砾石小径形成的规整园地——以对称花床的展现形式围绕棕榈温室。每个花坛最初都被“一种植物赋予了一种颜色”。

▼

▶

宝塔透景线是纳斯菲尔德关于邱园该区域的设计中不可或缺的一部分。他设想他的景观设计将在伯顿的巨型温室外打造一系列发散的观景点，这作为新设计项目的核心，将产生戏剧性的观赏效果，同时也能引导游客环游邱园。作为奥古斯塔王妃的御用建筑师和未来的乔治三世的家庭教师，威廉·钱伯斯爵士在18世纪60年代早期被委任设计宝塔，他设想访客靠近宝塔时，将穿过树丛一睹它的英姿。然而，100年后，纳斯菲尔德却修建了宽阔的步行道，他会根据建筑外形选取树种，并沿着宝塔透景线的两侧对称栽种，以便访客行至此处就能欣赏到这座标志性建筑。

1847 年，一个前皇室水果店被改造成了经济植物博物馆，这是世界上同类型博物馆中的第一家。博物馆的目的是通过展示一些植物衍生品来扩充生活类藏品，并突出植物对人类生活的贡献。威廉·胡克以前使用的纺织物、染料、树胶、药品和木材之类的教学工具构成了馆藏物品的核心，来自 1851 年“伟大展览”(Great Exhibition) 的布料也是随之添加的展览物品。政府的海外职员奉命将物品送至博物馆，约瑟夫·胡克捐献了许多手工艺品，包括他去尼泊尔东部考察期间收集的茶壶和茶砖。

▼

▲

博物馆的展品被置于德西默斯·伯顿设计的箱子中，最初是按商品排列布置的。展出的有相片、种子、植物干标本、化学合成物和手工艺品等，它们或者是被制成的，或者可以参与制成某物。以罂粟为例，我们在展品中既可以找到罂粟的花瓣、种子头，又可以找到用来收集鸦片的设备、鸦片球，以及用来储存鸦片的木箱和抽鸦片的器具。

▲

第一家经济植物博物馆很受欢迎，因此人们认为应该再建一座博物馆来扩大展览面积。于是池塘东边，即棕榈温室的正对面那块地被选中。1857 年，伯顿设计的博物馆正式向公众开放。新博物馆是原来的两倍大，还根据分类学知识进行了空间布置。随后它成为 1 号博物馆，老馆便是 2 号博物馆。

►

1863 年，邱园收集了一大堆木材标本，这些标本来自 1862 年的伦敦国际展览会。由于橘园当时一直空着，大家便决定在此陈列那堆木材，橘园随之变作 3 号博物馆。随着木材收藏量的持续增加，橘园扩建出两道廊庑来提供更多的展示空间，并根据地理学常识陈列物品。一直到 1953 年，橘园都作为木材博物馆存在着。人们在这张照片的中心看见的是一根来自不列颠哥伦比亚省塔努（Tanoo）村的图腾柱，它由北美圆柏制成，最初是房屋入口支撑结构的一部分，后被转移至大英博物馆，至今在那儿展览。

▶

威廉·胡克是邱园的第一任平民园长。尽管一直以来对植物学有着浓厚的兴趣，威廉的职业生涯却起步于他在萨福克郡黑尔斯沃思帮忙经营的一家酿酒厂。酿酒厂的所有者是一位银行家兼植物学家，名叫道森·特纳，威廉后来娶了他的女儿玛丽亚为妻。在约瑟夫·班克斯的帮助下，威廉于1820年当上格拉斯哥大学的皇家钦定植物学教授，1841年出任邱园园长。他以工作勤奋、性格随和著称，因为他的领导有方，邱园确立了“欢乐园”和“科研机构”的双重身份。1865年，威廉因一场急病而溘然长逝，享年80岁，邱园的园长一职传到他儿子的手上。

▶

约瑟夫·胡克于1865年继任邱园园长之职，此前10年他一直担任园长助理。虽然有医学学位，但约瑟夫主要关注的还是植物学，而且他的父亲已为他在该领域的职业生涯铺好了道路。约瑟夫很像是对处理邱园政务不感兴趣的科学工作者，他会设法限制公众进入邱园。尽管达尔文说他“脾气暴躁”，是个十足的工作狂，但他也在朋友和同辈人中建立了庞大的关系网络。约瑟夫还是非常顾家的男人，他养育了9个孩子。

▲

照片中可见威廉·西塞尔顿－戴尔同他的妻子哈丽雅特站在邱园的剑桥别墅外面。1875 年戴尔担任园长助理，后于 1885 年接替胡克成为园长。此前，他曾在多所大学教授植物学。戴尔与胡克父子俩的关系并不仅限于职业往来——哈丽雅特是约瑟夫的大女儿，1877 年嫁给了戴尔。戴尔是个独断专行的人，当园长助理时就主要负责行政事务，升职为园长后，他一心扑在景观建设上，还审批设立了园内第一家公共茶社。在任期间，戴尔继续维持并推进了邱园参与的殖民地植物园和植物学研究站的工作。上图显示的建筑即剑桥别墅，是邱园在 1904 年收购来的。它曾是第二任剑桥公爵的故居，1910 年作为森林博物馆对外开放——这是戴尔的一项长期规划。

▲▶

当玛丽安娜·诺斯的父亲兼旅伴弗雷德里克·诺斯在她 40 岁生日后第 5 天去世时，玛丽安娜写道，她决定“用其他兴趣填满自己的生活”。为此，她把对旅行的热情和艺术天分融合起来，进行了一场探索活动，用笔记记录了她在环球旅行过程中遇到的一切植物、动物和传统习俗。这份努力一直持续到大约 20 年后她生命的尽头。

1879 年，约瑟夫·胡克爵士接受了玛丽安娜捐赠的画作和一间用来展示画作的画廊。玛丽安娜委托印度寺庙的设计权威、建筑师詹姆斯·费格森一同制定画廊的设计方案。建筑体的红砖墙面和遮阳游廊里的长椅唤起了人们对殖民地环境的记忆，自然光透过天窗洒入室内的情景也令人忆起玛丽安娜对印度的特别喜爱。她还构思了画作的悬挂方案，832 件美术品最终把整面墙壁完全覆盖住，再现了四大洲的 900 多种植物，画作还根据地理位置被分了组。1882 年 7 月 9 日，画廊正式开业。

▶

玛丽安娜·诺斯在摄影师茱莉亚·玛格丽特·卡梅伦位于斯里兰卡的卡卢特勒的家中遇见了她。诺斯欣赏茱莉亚的摄影作品，因而同意摆姿势照相。她在《幸福生活的回忆：玛丽安娜·诺斯自传》（*Recollections of a Happy Life: Being the Autobiography of Marianne North*）一书里对这次拍照过程的描述，展现了她谦逊的性格。

> 她帮我穿上飘逸的羊绒织物，放下我的头发，让我站在椰子树旁。尖尖的枝条撞上我的头，正午的阳光穿过叶帘缝隙，微风吹动枝条才避免眼睛被太阳光灼伤。她提醒我要表现得十分自然（站在36℃的高温环境中）！然后她试着用波罗蜜的叶和果实当背景，把它们水平钉在百叶窗上，使它们看起来自然，但都失败了；虽然她浪费了一打感光片，费了好大力气，却都徒劳无功，她戴着眼镜也只能看见一个毫无趣味的平庸之辈，本来眼镜是能帮助看得更真实自然的。

◀ ▶

威廉·钱伯斯爵士在邱园周围设计了许多具有古典风格的庙宇；从建筑风格来看，建于1761年的太阳神庙反映出人们对古典主义的兴趣正在复苏，一定程度上这是受到18世纪绅士们掀起的环欧旅行风潮的推动作用。同时期的批评家并不认可这些建筑，如《伦敦杂志》（1774年8月）就抱怨道："孔夫子和太阳神的滑稽庙宇不过是雕虫小技，仿佛是专供市民喝茶的地儿。"1916年3月28日晚，一场狂风暴雨把邱园的一株黎巴嫩雪松刮倒在那些装饰性建筑的屋顶上，就此破坏了"滑稽庙宇"。暴风雨还导致"榆树七姐妹"（Seven Sisters' Elms）中的最后一棵死亡，据说这棵榆树是乔治三世的女儿们种下的。那株黎巴嫩雪松则来自第三位阿盖尔公爵的惠顿庄园的庭院，他收集的精品树种在他去世后均被转移至邱园。

▶

这座由威廉·钱伯斯爵士设计的宝塔，建于 1762 年，高约 50 米。塔顶最初以金色的木龙装饰，此风格源自钱伯斯在中国访问期间看到的寺庙。有一个流传甚广的传言（据说是从约瑟夫·胡克那儿传出的）是，这些木龙实际上用黄金打造，后被卖掉用来偿还乔治四世的赌债。但真相则是，木龙烂掉了，这是威廉·艾顿打小就记得的事，他在威尔士亲王遗孀奥古斯塔带领下管理着这座植物园。

▲

1859 年，德西默斯·伯顿受委托为邱园的半耐寒植物设计一座温室。随着对世界上的温带地区，如澳大拉西亚、南非和印度北部植物的广泛收集，威廉·胡克清楚地知道这些植物需要一个温室来保存。于是他在树木园附近选了块地开始建造。这个温室比棕榈温室体积的两倍还要大，占地面积为 4 880 平方米，高 19 米。由于无法估算成本，1863 年工程中止了，温室仅对公众开放四分之三的地方。直到 1898 年，它才终于竣工。

▶

温室内的中央大厅被划分出 20 块长方形的苗床，里面种着高大的树苗和乔木，外侧种着灌木，如杜鹃花、茶花，沿床边设有台阶，上面放着小型盆栽。随着温室建造接近尾声，用来存放温带植物的耳房也基本成形。今天，温带植物温室乃全球现存最大型的维多利亚时代的温室。

▶

猎人屋曾是威廉四世的弟弟——坎伯兰公爵的住宅。1851 年，坎伯兰公爵去世后，其住宅一层被威廉·胡克用来放置他的植物标本和图书。之后，更多藏品陆续进驻房屋的剩余空间。在那之前，邱园尚未拥有植物标本馆，约瑟夫·班克斯在他位于苏豪广场的家中收藏了干标本和图书，供需要做植物鉴定和分类的人查阅。胡克允许职工和优秀的研究者到猎人屋查看他的藏品。1853 年，艾伦·布莱克被任命为馆长。

▲

直至 1852 年，邱园才建立了图书馆。当时威廉·布伦菲尔德将自己的植物标本和约 600 册藏书遗赠给图书馆，随后几年乔治·边沁增补了 1 200 份文稿。慢慢地，邱园有了专项资金去购买图书。图书馆不仅发展成植物学相关稀缺档案的栖身之所，也成为工作材料的汇总地，它支撑着园艺师和科学家的工作。这些藏品都被安置在猎人屋中，直到 20 世纪 60 年代，专门设计的图书馆才被建造起来。在这张照片中，左边的桌子是边沁用过的，他把他的藏品捐给邱园后，30 年间，几乎每天都来这里工作。

▲

随着标本收集得越来越多，显然需要更多空间来存放它们了。约瑟夫·胡克申请扩建房屋的要求最终获得批准，1871 年，猎人屋后方的几间房子被拆除，可以腾出地方盖一栋两层的耳房。这栋楼具备特定用途，内有木制橱柜储存纸板，纸板上依附着已被压扁的干燥的植物标本。开间的设计目的是最大限度地利用自然光，因为燃气照明会给标本收藏制造巨大的火灾隐患。1902 年、1932 年、1969 年和 2009 年，这里又陆续增加了一些耳房。

▲

睡莲温室建于 1852 年，用以收藏王莲（*Victoria amazonica*，早先的拉丁名为 *Victoria regia*）—— 一种美丽的巨型睡莲科植物，其拉丁名是为了致敬维多利亚女王。经过几次失败的尝试后，1849 年，邱园首次用种子培育出了苗株，但没能开花。1849 年 11 月，德文郡公爵的园丁约瑟夫·帕克斯顿终于在查兹沃斯庄园使这种植物成功开花，并将第一朵花献给了维多利亚女王。睡莲一定给帕克斯顿留下了深刻印象，他设计的水晶宫建于 1851 年，据说曾受到睡莲类叶子曲线结构的启发。1850 年 6 月，邱园的王莲样品也终于开花了，而且之后 6 个月持续开放，但它从未在这间温室里绽放。

▲

T 形温室由许多间温室组合而成，因外观好像一个大写字母 T 而得名。除了专门收养王莲外，T 形温室还栽有兰花、蕨类和后来的食虫类、仙人掌类、龙舌兰类植物。这座复合型建筑于 1983 年遭到拆除，取而代之的是威尔士王妃温室。

这张照片摄于 1923 年，照片中的女孩被认为是“科顿小姐”，很可能是阿瑟·科顿的女儿，当时阿瑟是邱园标本馆和图书馆的管理员。女孩显得十分不安，因为她坐在那棵王莲巨大的叶片之上，不自然地摆着姿势，据说如果荷重分布均匀，王莲叶最多能支撑 45 千克的重量。

▶

这张约瑟夫・胡克和他妻子海尔欣丝的合照是已知唯一一张约瑟夫在植物园的照片。据说，这是约瑟夫最后一次游览植物园，他退休后就回到位于桑宁戴尔的“露营地”（Camp）家中，1911 年在那儿去世。1874 年，约瑟夫的第一任妻子弗兰西斯去世，两年后，约瑟夫与海尔欣丝・贾丁结了婚。在苏格兰度蜜月期间，约瑟夫给西塞尔顿 – 戴尔写信提及海尔欣丝，说“胡克夫人是一位优秀的旅行者，她能像登山运动员一样攀爬和行走”。

▲

杜鹃谷原本是多才多艺的布朗改造的凹地步道，始建于 1773 年并栽有山月桂。约瑟夫·胡克曾在喜马拉雅旅行期间，将见到的许多新品种的杜鹃花寄回邱园他父亲手上。1850 年邱园的年度报告中提到，他们收到了“21 篮的印度兰花和杜鹃花新品种”。这些植物被栽于杜鹃谷中，创造出令人叹为观止的春季景象。1911 年，欧尼斯特·威尔逊带来的杜鹃花也定居此处。如今，这个幽谷是唯一留存下来的由布朗打造的园林景观。

邱园，大英帝国的花园

奥古斯塔王妃在她的丈夫威尔士亲王弗雷德里克 1751 年去世后接管了邱园，并下令该园应当“囊括地球上一切已知的植物”。在她的管理下，邱园扮演着更加国际化的角色，18 世纪末叶，约瑟夫·班克斯会委托采集员从世界各地带标本给邱园。在他的推动下，邱园开始涉足经济植物学，并在全球运输有商业价值的植物。1838 年的林德利报告证实了这种国际化角色，它宣称邱园应该成为“国家植物园”，应该向殖民地的植物园提供物资并在引种和扩散“新颖且有价值的植物”的过程中收集相关信息。

然而，威廉·胡克在 1841 年担任园长之时，邱园对殖民地植物的收集活动就已经停止。基于林德利的建议和考虑到邱园地位正在下降，胡克便不再浪费时间招募采集员奔赴世界各地收集植物标本了（这些标本的用途是保证邱园在运货至殖民地植物园之前进行苗株繁育）。1841 年，这样的殖民地植物园约有 10 座。后来，威廉·西塞尔顿－戴尔在其任园长助理期间，把邱园描述成了“类似帝国的信息交换所或贸易中心”。即使人们主要关注能发展新产业的经济作物，例如橡胶，但也会收集可以装饰殖民地统治者花园或提供食物和药品的草木。

至 1885 年约瑟夫·胡克从邱园退休时，大英帝国的各个角落已有大约 100 座殖民地植物园和工作站。尽管邱园没有被正式授权行使管理之责，但在这些植物园的建立和发展管理过程中，邱园确实扮演着重要的角色。殖民地植物园的大部分高级职员都经过邱园的培训，邱园还积极参与了招聘事务，有时还帮忙举荐人才，因为通常是邱园的职工去这些岗位就职。

邱园也为这些植物园提供了大量的植物品种。若要往世界上某个地方引栽一种具有商业价值的新植物，人们应先将种子或苗株送至该地的植物研究站或植物园进行繁育。此外，邱园为新发现植物的鉴定和植物栽培提供了分类学与园艺学方面的专业知识和指导意见。

当然，殖民地的植物园与邱园之间的关系并非单向的：前者送了成千上万份标本给邱园，这丰富了邱园在植物活体和标本方面的收藏，也是编纂澳大利亚、热带非洲和印度植物志的起源。通过记录植物本身的信息和用途，邱园增进了公众对现有植物的理解；借助经济植物博物馆的展览，邱园也向公众普及了相关的植物学知识。

约瑟夫·胡克在 1877 年的年度报告中称邱园为“大英帝国的植物学司令部”。这一功能从 19 世纪持续贯穿至 20 世纪早期。尽管随着帝国的消亡，其功能重点有所变化，但邱园依旧保持着国际主导地位。

▲

位于班格罗尔市的拉尔巴格植物园最初是由迈索尔的统治者海德·阿里于 1760 年建立的。1856 年政府接管时，阿里就立刻向威廉·胡克咨询关于聘用主管之事，随后便任命了邱园前职工威廉·纽。邱园运送了苗木去充实这座植物园。拉尔巴格也加入到植物交换的项目当中。在 1886 年的年度报告中，主管写道，植物园向外输送了 3 750 袋种子和 10 945 株花木。作为一个园艺基地，拉尔巴格是一个真正的旅游景点，每年都会举办园艺展览。每周都有音乐会在这张照片中的舞台上演出，还有一个动物园饲养着诸如老虎、狮子、熊、猴子之类的动物。

▲

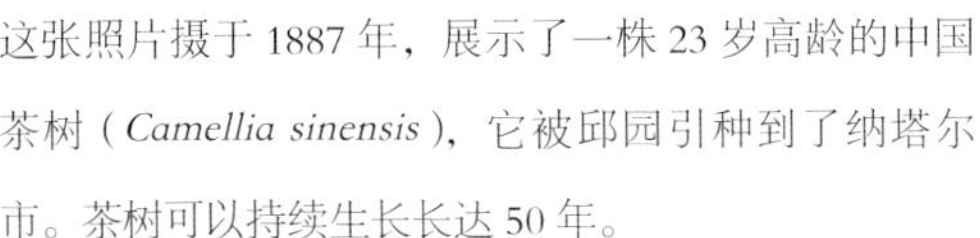

这张照片摄于 1887 年，展示了一株 23 岁高龄的中国茶树（*Camellia sinensis*），它被邱园引种到了纳塔尔市。茶树可以持续生长长达 50 年。

▲

采集茶树叶的活动通常叫作“采茶”，一般由妇女和儿童完成，且需要一定的技巧。人们会选择性采摘茶叶，以保证茶树的品质。茶叶不能在手里停留过久，因为接触会使之升温变酸。人们摘下茶叶后，便随即放进常常背在后背上的篮子中。一位经验丰富的采茶师傅每天可以收获 35 千克茶叶。今天最好的种植园，大概每公顷能有 1 000 千克的产量。

▲

山区的茶园往往依靠梯田来防止水土流失，并为茶树提供水分。农夫会精心维护茶树生长，使之保持大约 1 米的高度，茶树从之间留有通道便于农夫采收茶叶。茶有两个主要的品种，一个是中国山茶，用来制作中式绿茶（如图所示的是位于中国东部地区的一座茶园），另一个是普洱茶，可做成阿萨姆茶，即印度茶（原文如此——编者注）。

▲

农夫采收茶叶后，会立即将茶叶送到“工厂”加工，再将茶叶运往最终目的地。茶叶加工包括一系列环节：揉捻、发酵和分拣。19世纪，这些活儿主要依赖人工完成，但随着时间推移，诸如揉捻、分拣之类的工序都被机械化了。1882年出版的《茶叶全书》规定，任何扫帚都不能进入工厂，除非弄湿了，这是避免干燥程序中尘埃混入茶叶里。

▶

在真空包装之前，保持茶叶新鲜是一个真正的挑战。一旦工厂处理好茶叶，茶叶就可能折腾一年才抵达最终目的地。印度工厂仿制了中国的茶叶箱，希望使茶叶保持干燥，防止滋生害虫或产生异味。东印度公司倒闭后，这些茶叶箱被快速帆船运走，迅速满足了西方对新鲜茶叶的渴求。

◀

制茶过程的第一阶段是烘干茶叶，也就是“脱水”。采摘茶叶时，茶叶含水量约 80%，去除水分才能保存茶叶并改善茶叶的口感。图示茶叶在通风的空间被铺在托盘或架子上，目的是促进茶叶失水干燥。

▶

图示 1908 年，工人们从四川搬运茶砖到西藏。单人背运的货物重约 140 千克，摄影师兼植物猎人欧尼斯特·威尔逊记录了这群在“肮脏的路上”一天行进约 9.5 千米的男人。

▲

1859 年，威廉·胡克委托理查德·斯普鲁斯在厄瓜多尔收集一类叫金鸡纳的植物及其种子，这是印度政府与邱园合作项目的一部分，其目的是将金鸡纳树从南美洲引栽到印度，并在那儿建立相关产业。斯普鲁斯在邱园园丁罗伯特·克罗斯的陪同下，成功种植和收集了 637 棵金鸡纳树（又名红金鸡纳树）和 10 万颗种子。这些种子经邱园被送往印度，邱园为促使种子萌发特别打造了一个催熟室。1880 年时，仅印度南部就已开垦出了近 6 070 公顷的金鸡纳树田地。

◀

1882 年在锡兰（今斯里兰卡）马杜尔希默（Madulsima）金鸡纳科斯庄园拍摄的这些金鸡纳树，树龄有 8~10 年，高 7.6~9 米。其树皮被削掉后会用干草围裹茎干，以促使树皮再生。自从 1820 年人们首次从这种植物的树皮里提取到一种奎宁生物碱后，奎宁便在短短 5 年内成为治疗疟疾的标准药物了。

▶

摄于 1861 年 4 月 9 日，这些金鸡纳树树苗抵达印度南部乌塔卡蒙德之时。一位邱园前园丁威廉・麦基佛接收了它们，它们曾是斯普鲁斯在厄瓜多尔收集到的植物。麦基佛还是乌塔卡蒙德植物园的主管，他在当地成功栽培了红金鸡纳树。这有助于增强邱园作为皇家园林的地位——尽管它在 19 世纪 60 年代因为拒绝购买一种奎宁含量高得多的金鸡纳属植物，从而导致荷兰在奎宁贸易中占据了领先优势。

▶

将树皮从树上剥下后置于架子上晾干，树皮会随着水分蒸发形成卷片。把来自植株不同部位的树皮分离开十分重要，因为较高位置的幼嫩树皮形成的卷片含有较少的奎宁生物碱，这意味着它们的商业价值较低。来自树干同一部位的卷片将被切成统一长度，打包成捆或装进袋子，这样便能一块出售了。每捆树皮卷片都标有重量、金鸡纳品种和生产地。

◀

亨利·里德利于1888年至1911年间担任新加坡植物园园长。他一上任就注意到邱园在1877年送来的橡胶树。这些橡胶树的种子是约瑟夫·胡克从亨利·威克姆手中获得的，后者曾在1876年从橡胶树的故乡巴西寄出了7万颗种子。里德利培育了这种树，并且向人们演示了如何定期从树上获取制作橡胶的原料——胶乳。得益于他的专业知识和积极推动，马来西亚建立了橡胶产业。今天，全世界大部分橡胶产品都来自马来西亚、泰国和印度尼西亚的种植园。从这张照片可以看到，“橡胶里德利”（左）正在演示“割胶”，从橡胶树的内层树皮流出了胶乳。在新加坡退休后，里德利游历四方，最后定居在邱园的坎伯兰路，直至去世，享年百岁。

▲

1892年的《邱园公报》这样描述橡胶的生产过程：“橡胶是从树皮被割的切口处取得的，胶乳细细流出，汇入小碗里。人们将其舀到一个桨形容器中，然后再置于火炉上固化。”

▲

如图所示，一群工人正准备在一个橡胶树农场开展一天的工作，他们都配有割取胶乳的工具。这张照片拍摄于莫桑比克，1891 年，英国从那儿进口了 380 吨橡胶。

▶

为了使橡胶树释放胶乳，取胶的农夫会用割胶刀切除一小块树皮。这需要技巧，因为切口太深将伤害树木，太浅则需要多割几次。一旦胶乳流尽，树木又会自动生产，人们就能再次割取胶乳。

◀

和金鸡纳树一样，咖啡也属于茜草科。茜草科无论在过去还是现在一直具有极其重要的商业价值——今天，咖啡乃世界第二高身价的国际商品。这张照片展示了牙买加蓝山的一座种植园，那里生产了几百年咖啡，如今已是世界上最好的品牌之一。当丹尼尔·莫里斯还是牙买加公共花园的园长时，邱园就开始参与花园的事务了，邱园给莫里斯送去各种各样的农作物供他栽培，并派人对植物的枯萎病等病害提出了建议。

►

这张照片展示了 1899 年在新加坡巴图洞穴庄园的咖啡作物。小粒咖啡（*Coffea arabica*，又名阿拉伯咖啡）和中粒咖啡（*Coffea canephora*，又名罗布斯塔）是最受欢迎的两款商品。根据树种不同，通常要等这些树长到 3~4 岁才能收获。白色的花绽放后，开始孕育樱桃般的果实，果实成熟时由绿色转红。农夫必须掐准时间采摘果实，如果耽搁太久，咖啡果将会变成干瘪的褐色果实。大多数生产咖啡的国家，一年收获一种作物，传统做法是靠人工采集，因此采收咖啡是一项劳动密集型的工作。

◀

图中这些工人在晒咖啡果，1899 年时他们都住在东南亚的英属海峡殖民地。一旦采收了樱桃般的果实，工人们就将果实分类摊开，使其风干，然后不停耙动，促进干燥以免果实氧化发霉。这个过程可能需要几个星期。变得干燥后，咖啡果便被碾碎，果皮去除后咖啡豆就露出来，接着进行分级、包装，然后就随时可以烘烤和研磨咖啡豆了。

457 Coffee Crop, Batu Cave Estate

◀

肉桂，是从樟科樟属的一种常绿小乔木——锡兰肉桂身上剥取的干燥树皮。据说这是世界上很古老的一种香料，原产于斯里兰卡，至今那里仍是主要产地。如图所示，在斯里兰卡的一家种植园，一名工人正在修剪嫩枝，这样管理树丛能够促进直立枝条生长，当直立枝条长到一定高度时，便能顺利收获。

◀

肉桂是乔木的内层树皮。一旦收获嫩枝，工人就用黄铜棒或钝器摩擦，使外层树皮松弛，将外层树皮剥下来后，可以移除内层树皮并刮擦干净。

▲

刮干净内层树皮后，人们把卷片一个挨一个摆放，形成1米长的卷筒，接着送到烤架上烘干。卷片按品质分类，最好的肉桂来自嫩枝中部。这些照片展示了19世纪80年代在斯里兰卡生产肉桂的情景。

▲

胡椒是另一种历史悠久的香料，原产于印度。黑胡椒、白胡椒和青胡椒都源自同一种作物——胡椒，它们的颜色取决于收获时间和之后的加工过程。胡椒植株要攀缘和附着在支撑物上生长，当它长到大约 3 岁、高 2 米以上时就能收获了。收获季节大概持续 3 个月，每 2 周采摘一次果实。

▶

大麻原产于墨西哥，有着数百年的栽培历史，可用作食物、纤维、燃油、药物和麻醉剂。邱园与这种植物的渊源由来已久：约瑟夫·班克斯对大麻产品非常感兴趣，他通过海军将购买的大量种子运往新兴的殖民地。大麻对海军来说也是一种战略资源，因为大麻纤维能用于制作帆布和绳索。19 世纪后期，邱园将大麻种子输送到全球各地，并为不同品种的大麻种植提供建议。凭借邱园库存的供给，英属东非地区成为世界上主要的剑麻产地。这张照片展示的是日本栃木县如何生产大麻纤维。日本种植大麻已有数百年了，但邱园对此兴趣不大，反而很关注大麻工业在英国殖民地的发展状况。这张照片来自 1910 年的日英联合展览会，该展览旨在促进日英关系持续发展，特别是在两国贸易和制造业方面。

▶

早在邱园成名之前，棉花贸易便已存在，其经济价值也引起了邱园的关注。印度政府联系到邱园，咨询如何改进棉花种植，邱园就杂交和防止种子退化方面也提供了一些意见。鉴定完标本，邱园就将不同种类的植物以及受过培训的园丁送往印度。如图所示，一名妇女正在纺纱，棉线源自棉桃（棉花的果实）中种子表面柔软的白色纤维。

◀

种植罂粟制作鸦片已有几百年的历史了，在东印度公司的经营下，从印度到英国的鸦片出口已发展成一项繁荣的贸易产业。生产鸦片，要先选取罂粟尚未成熟的果实收集乳汁，再将乳汁送往工厂加工。邱园的经济植物博物馆1号室不仅陈列着制作鸦片的设备，还有吸食鸦片的工具。博物馆的导游解释道："把一滴豌豆大小的液体放在灯火上烤，然后将其倒入烟斗斗钵的小孔里。吸烟者以斜倚的身姿举着烟斗在火苗上使其持续燃烧。"这张照片是欧尼斯特·威尔逊拍摄的，展示了种植白色罂粟花的田地。

▶

这种叫作胭脂虫红的猩红色染料是用从胭脂虫身上提取的胭脂红酸制作的。这种甲虫的宿主为仙人掌属植物。这张照片据说出自知名摄影师埃德沃德·迈布里奇之手，展示了在安提瓜岛从仙人掌属植物体上收获胭脂虫的场景。约瑟夫·胡克向迈布里奇购买了一组（6张）照片和一些其他照片。迈布里奇曾说道："我觉得这可能会很有意思，您应该会非常乐意接收它们的。"

▲

从 19 世纪至今，邱园与新加坡植物园一直保持着密切的联系。后者最初是 1859 年一个农业协会创建的休闲花园，但当管理者在 1874 年把花园移交给政府，邱园的影响力也与日俱增后，花园的定位就变得更为科学了。邱园的员工被派往那里，两家机构交换了许多种植物，包括橡胶树。这张植物园照片显示了它们与邱园高度园艺化的园区有多么不同。在亨利·里德利园长的领导下，丛林般的区域被改造成橡胶树农场，植物园从此开始为新兴的橡胶产业提供种子。

▲

照片中是亨利·里德利站在新加坡植物园的标本馆外面。在他担任园长的 23 年间，里德利改造了植物园，并领导植物园成长为一个国际性科学机构。他还确定了卓锦万代兰（Vanda ‘Miss Joaquim’）新加坡国花的身份。这是园艺师艾格妮丝·卓锦在自己的花园里发现的。她把这个兰花杂交品种交给了里德利，后者在 1893 年的《园丁纪事》中对此花命名并做了相应的描述。

◀

香港植物园位于柯士典山北坡，这座山更常被叫作太平山。尽管植物园自 1864 年起一直对公众开放部分区域，但它到 1871 年才正式成立，查尔斯·福特任第一位园长。福特收集了中国的植物，并将其中许多送给了邱园。他还在 1876 年为香港编写了“政府花园植物名录”。欧尼斯特·威尔逊于 1909 年 4 月拍摄的这张植物园照片，展示了一种叫马尾松（*Pinus massoniana*）的乔木，该乔木高 20 多米。

石斑木（*Rhapbiolepis indica*）是蔷薇科的一种耐寒常绿灌木。这里展示的是生长在香港植物园的石斑木。它那白色或通常呈粉色的花使它成为一种受欢迎的园林灌木，特别是在北美地区的花园。其果实煮熟后可以食用。

▼

▶

加尔各答的国家植物园［现在是印度豪拉植物园］和邱园有着许多相似之处。两者都位于大城市的郊区，园两侧流淌着一条大河，它们还有许多共同特征，比如湖泊、棕榈温室、标本馆和图书馆。加尔各答的园长也曾是邱园的园长，两家园林有着漫长的合作和植物交流的历史。加尔各答的植物园是东印度公司的陆军上校罗伯特·基德于 1787 年创建的，一直由东印度公司控制着，直至 1857 年其所有权才被移交给政府。这座植物园曾用邱园寄来的种子和幼苗试种过金鸡纳、橡胶和茶等。

▲

这株大榕树（英文名 Great Banyan Tree，学名 *Ficus benghalensis*，中文名叫孟加拉榕——译者注）生长在加尔各答的印度豪拉植物园，今年约 250 岁了，是世界上最粗壮的乔木，树冠周长达 450 米左右。虽然它看起来好像由许多独立的小树组成，但这些“小树”其实是从一株大树发育而来的气生根。这张照片展示了大榕树在 20 世纪初的模样，它身旁的长椅上立着块标牌，牌上写着那时候大榕树株体的周长是 286 米。

▲

如图所示，大约 1910 年，植物园设有一间专为雇员及其家人服务的诊所。那位穿着白大褂、拿着一个瓶子的人便是医生。

◀

敲响这个钟是为了召集工人们去干活。图示一位尼泊尔门房正在敲钟，时间大约是 1910 年。

▲

1828 年，查尔斯·弗雷泽提议将这里变成布里斯班植物园，1855 年，这里被正式确认为一个植物保护区，沃尔特·希尔是第一任园长。植物园内最出名的前居民之一是乌龟“哈里特”，据说它是查尔斯·达尔文在去加拉帕戈斯群岛探险时获得的。1860 年，在达尔文航海期间，英国皇家海军“小猎犬号”舰艇上一位名叫约翰·克莱门茨·威克姆的军官把乌龟送给了植物园，哈里特从此在那儿生活了 100 多年。后来，它被带到昆士兰的澳大利亚动物园，最终寿终正寝，享年 176 岁。

▲

阿德莱德植物园于 1857 年向公众开放，这很大程度上要归功于首任园长——来自伦敦的乔治·弗朗西斯的远见卓识。棕榈温室是 1875 年从德国不来梅港进口来的，由植物园的第二任园长莫里茨·理查德·尚伯克负责管理，1868 年他还监督建造了收藏亚马孙王莲的维多利亚温室。这种植物是他的兄长罗伯特于 19 世纪 30 年代在英属圭亚那发现的。

◀

悉尼的皇家植物园地处城市的天然海港附近。1816 年，新南威尔士总督拉克兰·麦格理在自家住宅中建造了这座花园。花园的首位主管是查尔斯·弗雷泽，1821 年，他被正式任命为“殖民地植物学家”。杰克逊港——植物园在悉尼的位置，以前曾是原住民尤拉（Eora）人的家园，但在 1788 年第一舰队载着 700 多名囚犯登陆时，这里就变成欧洲大陆第一个流放犯人的殖民地了。约瑟夫·班克斯自从加入库克的皇家海军“奋进号”，成为船上的自然学家后，便一直保持着对澳大利亚植物资源的强烈兴趣。他委派采集员去那儿探索，采集员再将大量标本寄回邱园。

◀ ▲

圣文森特植物园是英国最古老的殖民地植物园之一，是向风群岛的总督罗伯特·梅尔维尔将军应殖民地的一位医生乔治·杨的请求于1765年建立的，杨也成为植物园的首任园长。这些植物园在约瑟夫·班克斯的建议下引种了面包树，以作为种植园奴隶廉价的食物来源。这种植物最终搭乘由威廉·布莱担任船长的英国皇家海军战舰“普罗维登斯号”，于1793年抵达圣文森特岛。众所周知，他第一次远征去收集和运输塔希提岛的面包树时失败了，因为他掌舵的另一艘皇家海舰“邦蒂号”的全体船员叛变了。在返回英国的途中，连同航海收集的其他植物，布莱共带给邱园465个装有植物的罐子。这座植物园在向西印度群岛引栽许多药用和农业植物品种的过程中扮演着关键角色，它同时也为西部和东部的殖民地植物园交流搭建了重要桥梁。

▲

大多数殖民地植物园都设有标本室，例如这个位于特立尼达岛皇家植物园的标本室，这反映了它不仅仅是休闲花园，还是科学研究机构。这些标本室会鉴定并记录各种植物，然后把重复的和无法识别的标本送往邱园的标本馆。

◀

1894年，唐宁街写信给邱园，请园长委派一名职工担任冈比亚的库图（Kotu）新建的植物学研究站的站长。威廉·西塞尔顿－戴尔推荐了瓦尔特·海登，一名邱园的前员工。海登走马上任后，马上开始发展研究站，并栽种了能带来经济效益的作物。短短几年间，咖啡、可乐果、棉花、黄麻、木蓝、橡胶树和各种水果植物都在研究站成功扎根。这张照片里的房屋是1898年为站长建造的，以便他待在现场的时候，能将田园全景尽收眼底。

◀

海登在他1898年的年度报告中，记述了站长房屋附近的新苗床是如何建立的，并栽种了他从邱园用沃德式玻璃箱带过去的幼苗。油棕的叶覆盖着幼苗，以保护它们免受烈日灼伤。次年，满载鲜活植株的沃德箱刷上漆后被送回邱园。

▲

格拉罕镇（Grahamstown）植物园（现为马卡纳植物园）创建于1853年，被认为是南非第二古老的植物园。该园为整个开普地区供应苗株和种子（比如果树），同时与邱园交换种子。这是福戴斯（Fordyce）展览温室，建于19世纪50年代，为铭记福戴斯上校离世而建，入口上方他的徽章清晰可见。

◄

炮弹树（*Couroupita guianensis*）原产于加勒比地区南部和南美洲北部热带地区，照片中这份特殊的标本是在乔治敦植物园拍摄的。它常常因壮观、香甜的橘色或深红色花朵得到栽培，炮弹花多聚生，总状花序，形成大的花簇，使人联想到巴西坚果树。“炮弹树”一名源自其又大又圆的褐色果实，经测量，“炮弹果”直径达 25 厘米，内含大约 250 粒种子。与它的花相反，炮弹果散发着腐败的气味。这种果树常被视作植物界的异类，对曾经来访的欧洲人而言，它好像是外星生物。

◀

位于圭亚那（当时为英属圭亚那）首都乔治敦的植物园是在特立尼达的植物学家 H. 普利斯窦（H. Prestoe）访问该市之后于 1878 年建立的。他提出一系列计划，要把一座废弃的糖料作物种植园的一部分开辟成花园。在他的监督之下，来自特立尼达皇家植物园的约翰·弗雷德里克·瓦拜着手实现这些计划，并带去了他在布里克丹（Brickdam）天文台培育的植物。之后 35 年的人生光阴，他都献给了这座植物园。

如图所示，道路两旁是刺桐树（*Erythrina glauca*），又名珊瑚树，因为它的花有着珊瑚般的火焰色彩。这种本土乔木被认为是同类树种中最好的，它还生产了许多插条。

▶

这是乔治敦植物园里的一处湖面景观。池湖自带引人入胜的魅力，它是在景观建设早期因为湿地排水形成的。

为邱园寻猎植物

19 世纪的植物猎人会去西方人极少知道的地方探险，还常常在缺乏我们已经习以为常的现代便利设施的艰苦环境中工作。约瑟夫·胡克在 19 世纪中叶开始旅行，那是摄影技术的萌芽期，照相设备庞大、繁复又笨重，而且容易受损，所以他选择大量作画来记录他遇见的文化和景观。但摄影势不可挡地成为一种重要技术，在前往美国的旅途中，胡克便购买了他观察到的大树的照片。至 20 世纪初期，照相设备变得轻便多了，欧尼斯特·威尔逊之类的植物猎人因此可以记录他们旅途的方方面面，包括他们的营地、当地居民以及他们发现的植物等。

当一些植物猎人在探险途中还通过关系网和随行助手，携带诸如瓷器、银制餐具等奢侈品时，更多的人已选择轻装出行。他们使用临时工具，甚至简易过渡房，还会聘用当地向导，居住在恶劣的环境中。但一切采集植物的设备都会带上，包括装载插条的专用采集箱、植物标本夹、运输活植物的沃德式玻璃箱、显微镜、参考书籍和用于素描或吸水的纸张，以及许多日常用品，例如衣服和食物等。植物标本容易遭受虫蛀和环境侵害，而活体又容易在漫长的返程旅途中死去。

在维多利亚时代，随着人们对异域植物的日渐迷恋，植物探索的足迹遍及全世界，不管是严酷的热带地区，还是极寒的苔原地带。但那些环游全球，收集、记录和运输新物种的个人探险并不完全以科学的名义进行。有的人，比如理查德·斯普鲁斯被政府派去收集植物，是为了在大英帝国进行商业繁殖；其他人则并非以收集为主业，表面上看他们在不同行业工作，如传教士、士兵、水手或政府官员。很多人，包括约瑟夫·胡克都凭借自身的科学教育背景，在舰船上或附属于军队的兵团里谋得了外科医生的职位。在后来的职业生涯中，胡克网罗了一帮业余采集者来扩增邱园干制标本和活体标本的收藏量。

其他人会被商业苗圃雇去采集活体标本，活体标本最终被作为外来园艺品种出售。譬如欧尼斯特·威尔逊的职业生涯就始于在新开放的国度做长途旅行。在西塞尔顿－戴尔的支持下，威尔逊获得了詹姆斯·维奇的资助，他前往中国进行探索，并成功收集了大量标本，标本最终在英国的维奇苗圃售出。威尔逊最著名的事迹也许是他勇敢地搜寻一种罕见的树木——珙桐（*Davidia involucrata*，又名鸽子树、手帕树，学名源自法国传教士兼自然学家佩雷·大卫之名，他是第一位描述珙桐的人），珙桐以白色苞片的显著特征广为人知。借助一张手绘地图和一名当地向导，威尔逊追踪到了一棵珙桐树，却发现它只剩下一个树桩和附近一所新盖的木屋（用砍下的珙桐木建成——译者注）。几年后，他终于找到了这种非凡树木的一株活体，也总算能给英国寄去种子了。

◀

这张珙桐的照片是1907年6月欧尼斯特·威尔逊在湖北西部的兴山县附近海拔1 646米之地拍摄的。我们仍能看见，这棵树较低层的枝杈上长着一些苞片，这是该植物俗名的由来。到了5月份，这种植物将满树盛花，格外引人注目。

▲

查尔斯·达尔文登上英国皇家海军舰艇“小猎犬号”开始了一场南美洲探险之旅，这是他博物学家生涯的起步。正是这一次远征，和他收集的植物、动物和地质标本，帮助达尔文形成了他关于植物变异与演化的理论。达尔文返回英国后，植物标本被交给了邱园的约瑟夫·胡克，如今它们还平安地躺在邱园标本馆中。胡克初次见达尔文是在 1839 年他搭乘皇家海军“厄瑞玻斯号”第一次远征之前。两人由此开启了一段漫长的通信之谊，并在专业领域和私人交往方面保持着紧密联系。胡克是达尔文的主要支持者，他一直在考察和检验达尔文的理论，还从邱园提供大量种子给达尔文做实验。达尔文曾写道，在他所有的个人照片当中，他最喜欢这一张了。

◄

玛丽安娜·诺斯通常独自旅行，对于一位维多利亚时代的女性来说，这是一项非凡的成就。她偶尔使用介绍信，好让自己能与旅途中遇见的伙伴们待在一起。1871 年至 1879 年间，玛丽安娜造访了加拿大、美国、牙买加、巴西、日本、沙捞越、新加坡、爪哇岛、斯里兰卡和印度。1880 年，她遇见了查尔斯·达尔文，认为他是“在世的最伟大，也是最真诚、无私和谦逊之人”。在他的建议下，玛丽安娜开始了距离更远的航行，这一次包含澳大利亚和新西兰。1882 年，她访问了非洲，这是她之前工作中没有到达的最后一块大陆。这张照片展示了她在南非的格拉罕镇对当地植物进行写生的场景。她于 1885 年最后一次游历南非。

▲

在 1855 年就任邱园园长助理之前，约瑟夫·胡克曾到南极洲和喜马拉雅山脉旅行，但直至 19 世纪 70 年代才有机会再次进行植物采集的探险。1877 年，胡克应美国地质地理调查局的邀请，同他的老朋友、著名的美国植物学家阿萨·格雷一起，参加了一次考察落基山脉的探险活动。借此机会，胡克与他的朋友碰面，还花时间去了科罗拉多州、犹他州和加利福尼亚州收集植物，短短 10 周便走了 12 875 千米。这张照片摄于科罗拉多州落基山脉海拔 2 743 米的地方，阿萨·格雷坐在前排地上，胡克坐在他的右边。两人周围均是植物标本，格雷还拿着一个植物标本夹。

▲
在美国西部探险期间，约瑟夫·胡克遇见了约翰·缪尔，一位出生于苏格兰的自然学家，他以保护美国荒野的运动而闻名。1882 年，缪尔写信给胡克："我们在沙斯达山的冷杉林、松树林和云杉之间露营的记忆将永远灿烂而愉快。我该多么高兴……如果您和格雷能再次结伴来太平洋彼岸的森林和平原。"这封信的目的是争取胡克对一项国会法案的支持，该法案旨在保护"卡威（Kaweah）河和图勒（Tule）河上游希艾拉（Sierra）山脉的一大片北美红杉林"。那儿的景色壮美非凡，如上图所示。缪尔显然十分重视和相信约瑟夫的影响力，并且肯定他"对这项法案的重要性所给予的只言片语的肯定将产生巨大的推动作用，将长远地保障这份努力的成功"。

▲
这株山谷白栎（*Quercus lobata*）有个英文俗名叫"胡克栎树"（Hooker Oak），是安妮·比德韦尔取的名。她是社会运动家先锋，是一位有影响力的女性，她的朋友包括公民权利活动家苏姗·B. 安东尼和美国总统尤利西斯·S. 格兰特。胡克在 1877 年造访加利福尼亚州的奇科市期间，见过这株生长于比德韦尔家的栎树。据说他当时认为这是"世界上已知还存活的最大栎树"。栎树变成了这座城市的象征，一直声名大噪。后来比德韦尔夫妇张贴告示，要求人们不准"毁坏这棵宏伟的栎树"。它甚至作为舍伍德森林的成员，现身于 1937 年华纳兄弟的电影，即由埃罗尔·福林领衔主演的《罗宾·汉和他的快乐伙伴们》中。安妮去世后，其土地被赠给了奇科市，那株栎树也被授予"加利福尼亚州纪念碑"的荣誉称号。1977 年，它在一场暴风雨中遭到毁坏。

▲

北美红杉的硕大体形使它成为一种迷人的物种。图示一群人手拉着手围成圈，在展现其中一株北美红杉魁梧的树围。这株特别的北美红杉持有一项纪录：树干的周长测量值达 18 米。它原产于北美洲西部，主要生活在加利福尼亚州，是地球上最大的树种之一，可长到 110 米高，就像照片里的这一株一样。

◀

这张照片中，一株巨杉（*Sequoiadendron giganteum*，英文名 giant sequoia 或 giant redwood）的树干底部中被建起了一座先锋式小屋。巨杉原产于加利福尼亚州，是巨杉属唯一存活至今的物种。胡克大概在前往美国考察期间购买了这张照片。照片展现了居住者的足智多谋，他们能把树根上自然形成的一个洞变成庇护所，这同时也展现了树干硕大无比的周长。

▲

在亨利·里德利收藏的一张照片中，我们看到了马来西亚海岸外的一个小离岛——拉朗（Lalang）岛上的一个营地。在植物采集的早期，诸如银制餐具、写字桌、床件之类的物品出现在资金充足的探险中的情形并不罕见。这张照片让我们看见了一种更加实用的装备，这是当时探索所必需的装备，也可能是由于缺乏资金才不得不搭建的。

▶

亚历山大·沃拉斯顿——一名医生、探险家和博物学家的这张照片，来自一本相册，相册描绘了1912年至1913年，沃拉斯顿带领动物学和植物学领域的考察队前往荷兰属新几内亚雪山的场景。该相册是考察队的自然学者C.博登·克洛斯送给亨利·里德利的，以此表达对后者给予考察队帮助的感谢。

▲

欧尼斯特·威尔逊第二次为阿诺德树木园前往中国中部的湖北省探索时，就住在这些村舍里。可能的话，植物猎人们会借宿在当地小旅馆或有熟人的地方，比如像约瑟夫·胡克或玛丽安娜·诺斯这样有广博人脉的朋友可以提供豪华住宿的情况下。然而，当在荒无人烟或陌生的区域采集时，露营就非常必要了，野生动物入侵、被抢劫和极端气温等危险也会接踵而至。

▲

这是1916年乌干达首都坎帕拉附近的一次露营活动，约翰·达文波特·斯诺登和妻子正站在他俩的帐篷外面。斯诺登成为一名农业官员的助理后，于1911年开始在乌干达工作。接下来20年里，他一直待在这个国家，经常到种植园考察并提供栽培建议，还一边旅行一边收集标本。早些年，旅行是靠徒步或骑单车，并由20~30名搬运工扛着装备和食物行进。斯诺登因对乌干达做了广泛的植物学探索而被人们铭记。他把许多标本寄回邱园，包括禾草和以他的名字命名的斯诺登火把莲。

▲

当亨利·里德利接任新加坡植物园园长时，那儿有许多地方丛林疯长，而他的任务是开展初步的森林调查。里德利手握一把大砍刀，披荆斩棘地穿过矮树丛。他的助手则斜挎一个采集箱，收集他们可能碰见的任何有趣的标本。

▶

亚瑟·希尔在担任邱园园长期间（1922—1941 年），一直保持着之前几年培养起来的旅游热情。1903 年，他参加了一次到秘鲁和玻利维亚的探险活动，在安第斯山脉邂逅的花草树木令他念念不忘，以至于他对安第斯地区植物的研究贯穿了整个职业生涯。作为园长，希尔比他的前任们都更频繁地出差，他致力于为邱园建立国际关系。回到邱园后，他对植物园的日常运营倾注了极大热情。他会利用自己丰富的园艺学知识发展栽培事业，并进行日常巡查。

希尔的这张照片拍摄于他在玻利维亚探险时期。尽管我们几乎认不出他了，但那斗篷之下的采集箱仍旧清晰可见。

▲

如图所示，斯诺登夫人——约翰·达文波特·斯诺登的妻子在乌干达的首都坎帕拉，正坐于一辆单轮车上。

▶

亚瑟·希尔还热衷于骑马，以前每个早晨，他都会骑上一段路。令人伤悲的是，1941 年，在里士满旧鹿园的中萨里高尔夫球场，希尔从马上跌落，不幸身亡。随后，邱园的园长一职便由园长助理杰弗里·埃文斯接手了。

◀
这艘船几乎完全用柏树木材建成，是19世纪到20世纪初期中国常见的典型居住船，与威尔逊沿着中国水路，例如扬子江（长江下游河段的旧称）航行时使用的那种船相似。为纪念他的妻子，他还把他的第一艘船命名为艾琳娜。

◀

图中场景为 1911 年马来西亚的瓜拉丹比灵（Kuala Tembeling）镇，亨利·里德利正站在一艘居住船旁。他在担任新加坡植物园园长期间，广泛游历了整个马来半岛，对当地植物进行记录并收集了相关标本。里德利将大量标本寄回邱园，同时也为自己在新加坡的标本室开展采集工作。

▶

随着更复杂的交通方式的发展，植物学勘察变得容易许多。到达某些地区不再需要几个月甚至数年的跋涉时间，运输生活物资也变得更加便利。这张照片展示了雷吉纳尔德·罗斯－茵尼斯年轻时的风采，他后来成为一名优秀的草原生态学家。

◄ ►

右侧照片展示了雷吉纳尔德·罗斯－茵尼斯在荒漠区吃早餐的情景，他的身后是“奥斯卡”牌汽车。而左侧照片显示，他的远征团队坐在篝火旁边。野外生活往往十分艰苦，一些时候，日常用品可能都难以获得。后来在纳米比亚沙漠的一次探险中，罗斯－茵尼斯被迫依靠他能抓着的任何东西或粮草生存。然而，有的植物学家却设法随身携带一些家居用品。从植物猎人弗兰克·金登－沃德的文件里，我们发现了一张来自福特纳姆＆梅森百货商店出口部门的账单，单上列有亨氏牌烤豆、惠普牌酱汁和几罐吉百利牌墨西哥巧克力。

▲

这组名为“邱园学者和妻子们”的合照摄于1923年的乌干达首都坎帕拉。它说明了植物学家带着家人一起到野外工作是多么普遍的事。照片中，右侧第二位的约翰·达文波特·斯诺登坐在妻子（中间）旁边。1909年，他进入邱园开始了园丁生涯，后来成为乌干达高级行政区的农业长官，此照片便是在乌干达拍摄的。亚瑟·马歇尔（后排，最右边）是邱园的“小马男孩”（Pony boy），上过培训课之后，他获得了邱园证书，并被选为乌干达分会的荣誉会员；他的妻子就坐在他的前面。第三位妇女，朵尔希·哈尔克斯通也位于她的丈夫、邱园协会乌干达分会主席唐纳德·哈尔克斯通的前面。

▲

过去50年里，弗兰克·金登－沃德参加了20多次探险，游历了中国的西北部和西藏，以及缅甸和印度东北部等地方。1924年，他采集到第一份巨伞钟报春（*Primula florindae*）的标本，该物种拉丁名源自他第一任妻子的名字弗罗琳达。图中他与第二任妻子珍在一起。珍百合（*Lilium mackliniae*）是两人在曼尼普尔共同发现的新植物，因此被以珍的名字命名。

▶

约瑟夫·洛克（1884—1962 年）是在维也纳出生的博物学家，20 岁出头就经由美国移民至夏威夷岛，后来成为岛上植物研究方面的权威。尽管一开始生活条件相对贫困，他也不喜欢正统教育，但洛克自学成才，除了母语德语外，他还精通匈牙利语、英语、拉丁语、法语、意大利语、希腊语、汉语、阿拉伯语和梵语，而且 10 年间就出版了 40 部植物学著作。即便如此，他还是觉得有必要经历一段大学训练来获取同龄人的认可。1920 年，洛克第一次前往缅甸和阿萨姆邦寻找治疗麻风病的原料——大风子。1922 年至 1949 年，他游历中国西南部，研究该地区的植物、民族、文化和语言，为《国家地理》撰写文章。图示，洛克穿着传统的藏族服装。

▲

威廉·特里尔是 1946 年至 1957 年间植物标本馆和图书馆的管理员。他对巴尔干半岛的植物和植物地理学（研究植物的地理分布）特别感兴趣。如图所示，他肩上斜背着采集箱，正在研究水生植物。采集箱是植物学家在野外开展采集工作的重要工具，一般是个金属制成的圆柱体容器，用来保存刚采摘的新鲜的植物样品。19 世纪早期，由于公众对自然万物，尤其是植物学产生了浓厚兴趣，采集箱被大规模生产出来。

►

1904 年，约翰·哈钦森以见习园丁的身份在邱园开始了他的职业生涯，由于他精通植物分类，且擅长绘画，仅仅一年之后，他就被调去植物标本馆工作。在完成印度和热带非洲的采集任务，并撰写和绘制了许多本植物学著作后，哈钦森于 1936 年被任命为邱园植物博物馆的管理员，直至 1948 年退休。如图所示，他 1930 年在德兰士瓦的北部探险，用植物标本夹当临时坐垫。邱园里最古老的植物标本可追溯至 1700 年左右，对植物学家鉴别物种而言，这些标本十分重要。标本必须经过彻底干燥，以防变色和发霉，因此植物标本夹是不可或缺的野外装备。

◄

沃德式玻璃箱是纳撒尼尔·巴格肖·沃德（1791—1868 年）改造成的一种便携式密闭温室。当他住在伦敦的码头区时，沃德对植物学的业余兴趣受到了乌黑肮脏的空气的打击，污秽的空气杀死了他试图栽培的一切东西。兴趣转移至昆虫学后，他注意到存于玻璃罐里的天蛾蛹（hawk moth chrysalises）和蕨类植物幼苗居然能在烟霾环境中茁壮成长。19 世纪，沃德式玻璃箱把活植物运送到全球各地，彻底改变了植物学的发展进程。

▲

弗兰克·金登－沃德的植物猎人生涯始于1909年，那时他24岁，加入了一支美国动物学考察队前往中国考察。从此，采集标本成为他的职业。他多次去亚洲探险，广泛收集包括大量杜鹃花新品种在内的植物，正如他的前辈约瑟夫·胡克于19世纪50年代所做的事情一样。然而，弗兰克最知名的成就大概是他收获的第一份藿香叶绿绒蒿（*Meconopsis betonicifolia*）的可育种子了。

第一次婚姻破裂后，金登－沃德同比他小36岁的珍·麦克林结婚。珍和他一样，热爱探险和旅游，经常陪他到野外采集植物。这两张渡河照片摄于1950年金登－沃德远征阿萨姆邦洛希特（Lohit）山谷的途中。当时发生了有记录以来最大的一次地震，地震造成巨大的破坏，因此摧毁了跨越洛希特河的桥梁。珍病了，不得不被抬着走了大半旅程才出山谷。上方右侧照片显示，位于前景中的她正被背着过河。

◀

藿香叶绿绒蒿，又名喜马拉雅蓝罂粟（Himalayan blue poppy），这张照片是金登－沃德拍摄的。

▲

如图所示，1953 年，珍·金登－沃德正面向缅甸北部的群山进行“眷恋的告别”。通过这次采集植物的探险之旅，金登－沃德夫妇收获了许多植物，还徒步行走了 1 126 千米。那时，弗兰克已经 68 岁了，这趟探险成了他人生的最后一次旅行。

▲

如图所示，1953 年在缅甸考察时，珍拿着一些新采集的标本正在与当地人交谈。对植物猎人来说，原住民在分辨植物种类、植物功能，以及评判某些标本地理位置方面的经验，对他们来说非常重要。

▲

欧尼斯特·亨利·威尔逊17岁时，就开始在伯明翰植物园当园丁了。工作日一结束，他便去伯明翰技术学校学习植物学。1896年6月，威尔逊在高级技术水平考试中获得一等奖和女王奖。第二年，在英国皇家园艺学会进修期间，他开始在邱园当园丁。图中是威尔逊（后排，右二）和他的同事们。1898年，威尔逊开始到英国皇家科学院接受植物学的全日制课程训练，他的目标是成为一名教师。

19世纪80年代，奥古斯汀·亨利，一位在中国工作的英国医学官员给邱园送去了2 500多份标本，其中有500份标本来自先前不为西方社会所知的物种。在与威廉·西塞尔顿－戴尔爵士的通信中，他建议该机构派一名采集员来这片地区。切尔西市的詹姆斯·维奇父子公司也很希望派采集员到中国，他们联系上西塞尔顿－戴尔，向其推荐了一个适合此项工作的才华横溢的人。西塞尔顿－戴尔想不出有比威尔逊更合适的人选了。威尔逊由此开启了与维奇家族的长期合作关系，而正是他对中国的探索之旅，为他赢得了“华人威尔逊”的称号。1899年，他出发前往中国，这是他的首次中国行，之后他又去过很多次。

▲

1906年，威尔逊再次前往中国，但这一次是为哈佛大学的阿诺德树木园服务，1927年，他终于成为那儿的管理员。在树木园的资助下，他还去过日本，后来又去了印度、非洲、中美洲和大洋洲探险。如图所示，在澳大利亚南部的奎珀（Kuitpo）政府森林里，一个酷似威尔逊的人站在一株巨大的斜叶桉（*Eucalyptus obliqua*）旁被衬托得很渺小。在他的照片中，威尔逊经常让一个人站在标本旁边，以便展示二者的对比比例。

▶

1906年至1909年间，威尔逊第一次对阿诺德植物园进行考察时携带了两台相机，一台是使用玻璃板的大画幅桑德森相机，一台是使用了刚发明的胶片（质量很差）的柯达相机，他在这次探险中拍摄的照片显示了威尔逊在摄影和构图方面的天赋。

这张照片拍摄于1908年7月，图中是大巴山的峰顶，地点在康定的东北部。

◀

附着在这棵漆树（*Rhus vernicifera*）上的水平支杆，可使工人们在不接触树干的情况下爬树，然后收取牛奶一般的强腐蚀性的汁液。这种树液曾因其用于漆器制造的功能而备受重视，但它有极大的毒性，包含一种名叫漆酚的腐蚀性化合物，这种以油的形态存在的液体能够引发急性过敏反应，甚至变作蒸气时毒性也很强。

▲

这片大花桔梗（*Platycodon grandiflorum*，英文名 balloon flower）田位于四川省晋汤县，它因具有药用价值而得到栽培。桔梗类可用来制作收敛剂，也可用作镇静剂、止痛药、助消化药和肠道寄生虫的驱除剂。

▶

1910 年，威尔逊在湖北省巴东县的一条街上拍下了这种原产于中国东南部和台湾的铁坚油杉（*Keteleeria davidiana*）的球果。球果在一幅壁画的衬托下，以一个男人的形象为背景，展现出了精致的细节。这张照片是威尔逊受阿诺德树木园之托，第二次去中国出差期间拍摄的。他随身携带底片，只有回到家，冲洗底片印成照片后，他才能看见最终的图像。

▲

1908 年 3 月 19 日，威尔逊在湖北宜昌市拍到了这棵皂荚（*Gleditsia macracantha*）。当地人相信这棵树上住着治愈之神，那些树干上的木板便是对治愈之神还愿的奉献物。皂荚碱（一种局部麻醉剂）是一种生物碱，可从皂荚的叶和小枝中提取。

◀

1910 年 7 月，威尔逊拍下了这棵槐树（旧拉丁名叫 *Styphnolobium japonicum*，后来叫 *Sophora japonica*，英文名 Chinese scholar tree）。这种在西方更多以宝塔树之名而为人所知的植物，威尔逊是在四川成都市的一条街上遇见的。成都是中国的一座历史悠久的城市，还曾经是三国时期蜀国的都城。

▶

图中的植物（*Eucommia ulmoides*）在中国俗称"杜仲"，因其树皮有极高的药用滋补价值而在中西部丘陵地区得到栽培。图中男子正挑着一大担树皮穿越四川的山区。

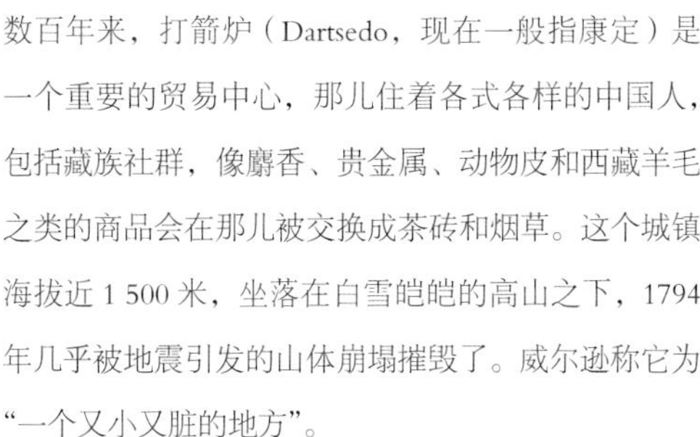

▲

数百年来，打箭炉（Dartsedo，现在一般指康定）是一个重要的贸易中心，那儿住着各式各样的中国人，包括藏族社群，像麝香、贵金属、动物皮和西藏羊毛之类的商品会在那儿被交换成茶砖和烟草。这个城镇海拔近 1 500 米，坐落在白雪皑皑的高山之下，1794 年几乎被地震引发的山体崩塌摧毁了。威尔逊称它为“一个又小又脏的地方”。

▲

威尔逊对成都平原的取景展示了柏树、竹子和枫杨（*Pterocarya stenoptera*）等植物的样貌。他把照片里的那座建筑描述为“典型的农舍”，照片中的农民正在耕地。

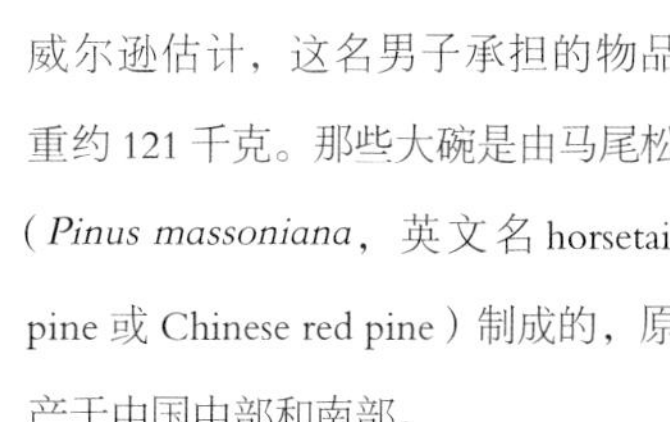

▶

威尔逊估计，这名男子承担的物品重约 121 千克。那些大碗是由马尾松（*Pinus massoniana*，英文名 horsetail pine 或 Chinese red pine）制成的，原产于中国中部和南部。

◀ ▲

在南非攻读硕士学位后，雷吉纳尔德·罗斯－茵尼斯继续在美国学习，他利用这个机会四处旅行，并拍摄旅途见闻。20 世纪 50 年代，他回到非洲，在加纳大学的前身机构取得了一个研究职位。罗斯－茵尼斯经常到野外进行草原生态学研究，他收集了许多草种，并把它们寄回邱园。他后来供职于联合国粮农组织，之后又为英国的海外调查部工作。甚至退休后，罗斯－茵尼斯的冒险精神仍然旺盛，他创造了一项英国纪录——以 91 岁的高龄成为最年长的双人滑翔伞驾驶员。

这些照片显示了植物猎人和植物学家不得不去工作的艰苦环境，比如崇山峻岭、沙漠荒原、茂密丛林，在没有现代设备和地图的情况下，他们仍必须穿越行进。如图所示，罗斯－茵尼斯正翻越一座山，我们看到他在采集标本。有时候，植物猎人是第一批造访这些地方的西方人，他们显然对当地的景色和植物标本印象深刻。左侧的照片显示，罗斯－茵尼斯正在欣赏他邂逅的风景。

参观邱园

19 世纪，公共园林和休闲花园的概念突然流行起来，许多园区都逐渐被打造成民众打发闲暇时光的地方——实际上对工薪阶层来说，随着 1871 年“公共假日”被引入国会法案后，这是一种相对新颖的奢侈主义。这些地方能提供健康和教育方面的福利，并分担一部分当时盛行的杜松子酒馆的吸引力。

威廉·胡克和后来接棒的约瑟夫及其继任者们持续遭受公众压力，不得不增加邱园对外开放的时间，并提供了公共设施。当邱园还是皇家地产的一部分时，公众只被允许在特定日子参观，且有时长限制。1845 年，休闲花园区（后来变成树木园）由威廉管理后，仅在周四和周日的下午 1 点钟向公众开放，尽管除周日外的每天下午，小型植物园都会敞开大门。由于当时工薪阶层一年只有一两天假期，所以很难获得参观的机会；慢慢地，鉴于公众和媒体的巨大压力，园区的开放时间就被延长了。

19 世纪 70 年代初，约瑟夫·胡克在与英国财政大臣阿克顿·斯米·埃尔顿（Acton Smee Ayrton）的斗争中，捍卫了邱园作为科学机构的定位，并确保了邱园的未来发展趋势。他极力维护邱园的“植物学身份”，拒绝“寻欢作乐的人”进园，“……他们的需求是粗鲁的玩闹和游戏”。他顶住了邱园公众权利保护协会（Kew Gardens Public Rights Defence Association）等团体施加的压力，这些团体要求园区上午开放并拆除邱园路上的隔离墙。不过约瑟夫也做出一些让步——邱园可以在公共假日上午 10 点开门营业。尽管有此阻力，他仍为那些他认为合适的改变做了许多事，也积累了一定经验。他改变了游赏区的景观，打通了多条新的人行道，特别是树木园，散步因此变得更方便，他还围绕宝塔开发了透景线和林荫路，比如冬青步道。

邱园还保留了许多王室生活中的滑稽物品和建筑，例如荒废的拱门和夏洛特王后的乡间别墅，它们都在吸引游客方面为邱园增加了魅力。园中缺乏的一个主要设施是特定类型的餐馆，这点约瑟夫从未对公众做出让步。他坚决拒绝玛丽安娜·诺斯希望在其画廊内提供茶水和咖啡的请求，直到西塞尔顿－戴尔成为园长，一个茶点屋才于 1888 年从画廊和温带温室之间冒出来。

随着公共交通的改善和闲暇时光的增加，游客数量稳步上升，邱园的开放时间终于延长了。自 1921 年起，邱园不仅在圣诞节开放，还在每天上午和下午敞开大门欢迎游客，并且会推出新景点来培养下一代的邱园爱好者。

▲

威廉·钱伯斯爵士的橘园建于 1761 年，用砖头和灰泥筑成，洋溢着古典风格，这是他在邱园唯一留存至今的植物温室。实际上，对栽植柑橘类水果而言，它并不是一座实用的建筑：窗户不够大，导致光照不足，植物无法生长。当威廉·胡克接手管理邱园时，他安装了玻璃门来增强光照，之后有一段时间，橘园容纳的植物株型要比其他植物温室的大许多。1863 年，该建筑成为 3 号博物馆，开始展出邱园收藏的木材珍品。

▲
几个世纪以来，乘船旅行一直是前往邱园和里士满的流行方式。陆路状况普遍很差，而且经常有拦路抢劫的强盗出没，大多数泰晤士河大桥又强制收取通行费。1816 年，此地引进了蒸汽船。最初，它们没有在邱园停留，而是径直驶向里士满，后来邱园码头终于又加了一站。邱园大桥火车站开通于 1853 年，1869 年邱园对外开放。随着参观门槛的降低，邱园与伦敦市中心的连通对访问邱园的游客数量产生了巨大影响。1873 年，邱园大桥的通行费被取消，游客数量再次上升，从 1852 年的 231 010 人次增长至 1874 年的 699 426 人次。

▲
1883 年至 1912 年，马拉无轨公交或无轨电车自邱园路的里士满站附近的橘树酒馆（Orange Tree public house）开往邱园大桥。这张照片显示，一辆无轨公交停在邱园的一个入口处外面。一旦引进机动车辆，这些无轨公交就停止使用了。

▲

女王大门由威廉·纳斯菲尔德设计，建于 1868 年，是为经由伦敦和西南铁路的新支线乘火车到达的游客提供的一个新入口。然而，当邱园站最终开通时，它位于偏北一些的地方，大门因此被移至目前的位置，并改名叫作“维多利亚大门”，于 1889 年 5 月 27 日启用。那些波特兰石柱上雕刻有圆形图案，圆内刻着皇冠和“维多利亚女王”的缩写“VR”。

◀

雄踞在这扇大门顶上的石狮曾被用来装饰乔治四世在邱园绿地原入口处的一间房屋。拆除这间房屋后，石雕便被挪至邱园路上的另一个位置，形成现在众所周知的石狮大门。石狮由托马斯·哈德威克设计，由一种名为科德（coade）石的半玻璃陶瓷材料制成，模仿了石头雕塑。照片里的建筑是狮门旅馆（Lion Gate Lodge），建于 19 世纪末期，最初用作员工宿舍。它具有荷兰式山墙、高耸的烟囱和红色的砖墙，这些都是维多利亚时代都铎风格复兴的典型标志。石狮大门有时又叫“宝塔门”，因为它离宝塔很近。

◄

1916 年，邱园首次引入收费制度时便设立了这道旋转门，游客只需支付 1 便士就可以进园观赏。邱园游赏区在星期一、三、四、六向公众开放；每周二和周五则预留给学生，他们花 6 便士就能尽情享受游赏区。

►

邱园最古老的入口，是建于 1825 年的邱园绿地正门，那时邱园仍归皇家所有，设立此门是为了防止“粗俗又好奇的平民”闯入皇家领地。原本大门两侧有两间房屋，屋上分别立着一头狮子和一只麒麟的石像。威廉 · 胡克担任园长时，认为公共花园应该配置一个更有气派的入口。现在，入口处的主门是德西默斯 · 伯顿设计的，于 1846 年首次开放。支柱是用波特兰石雕成的；柱上的果实和花朵的浮雕，以及大门上的王屋徽章，都与邱园作为新兴的植物学研究机构的身份相得益彰。

▲

夏洛特王后的乡间别墅位于原来的新动物园里，自1792年起，这儿就圈养着袋鼠之类的异国动物。目前还不清楚这座建筑最初用作什么，也不知道它是什么时候建成的，但它极可能起源于18世纪中期，当时这样的乡村别墅是时髦的装饰性建筑。虽然王室成员使用这个僻静的乡间别墅进行野餐，但还是添置了华丽的装饰和家具。1898年，维多利亚女王将乡间别墅及其土地捐给了邱园。乡间别墅及其周围的蓝铃花树林至今仍是吸引游客的热门景点，它使人们能够一睹王室归隐生活的风采。

▶

18世纪，威廉·钱伯斯为王室设计了一系列花园装饰性建筑，其中一些屹立至今，渐渐变成邱园的一种特色。“荒废拱门”就是这样一件装饰物，由钱伯斯于1759年建造。不过，这个罗马式结构最初还是有实用功能的，它成为道路上的一座桥，供牧养的动物进入邱园的草场。1932年，这座拱门不得不重建，如今仍矗立在与邱园路接壤的城墙旁边的小路上。最近，有人发现，为了让拱门看起来像真废墟，里边还收藏着古希腊－罗马式的石雕真品。

▲
邱宫是邱园里最古老的建筑，1631 年由一名叫塞缪尔·福特雷的商人建造。大约 100 年后，它被卡罗琳王后租用了，随后被乔治三世买走。1898 年向公众开放之前，它一直是皇家的乡村别墅。在邱园的发展历史上，这座宫殿扮演了重要角色，正因为王室成员曾居住于此，植物园才有机会诞生，也为现在的邱园打下了基础。今天，公众依然可以参观宫殿。

◀ ▲

在邱园收集到 3 000 种高山植物后，为了满足高山植物爱好者的需求，威廉·西塞尔顿－戴尔设计了一座巨大的岩石花园。花园位于 T 型温室和草本地被区之间，它的设计基于一条 157 米长的蜿蜒小径，模仿了干涸河床的样子。1882 年，该花园向公众开放，成为一处吸引人的新园区。这儿栽植了很多野花野草，虽然游客并不怎么欣赏这种布置，甚至通过园艺媒体抱怨“那里好像给杂草和野花留了太多空间”。

▶

1912 年，岩石花园被重建。因为缺少足够的石块，人们把原木和树桩伪装成石头布置。那些来自拆毁建筑物的材料被藏到视线之外。随着沼泽花园的扩建，照片中那口滴水井被移除了，花园里添加了一道瀑布。

◀

1910 年，伦敦“牧羊人灌木丛”（Shepherds Bush）举办了日英博览会，该展览由100座建筑组成，占地 40 公顷，吸引了 800 万名游客。展览的建筑被刷成白色，故得“白城”之美称，现今伦敦的这一区域仍被冠以“白城”之名。展览结束后，敕使门（帝国信使之门，流传更广的叫法是日本门）被作为礼物送给邱园。这一建筑结构以日本古都京都城的西本愿寺内唐门为模型，用五分之四的比例打造而成。

◀

巨魔芋（泰坦魔芋）因开花时散发令人作呕的气味而在其原产地印度尼西亚被称作“尸花”。《柯蒂斯植物学杂志》形容它的气味是“一股腐烂的鱼和焦糖的混合味”。1889 年它在邱园首次开花，当即引起轰动。它的气味惹来了“许多反吐丽蝇”，搞得参观的游客心烦意乱。植物画师玛蒂尔达·史密斯为了给《柯蒂斯植物学杂志》描绘这株巨魔芋第一次开花的模样，强忍着恶心，连续作画数小时。它的花，更准确地说，是花序，长度可超过 2.5 米，外面包裹着一片紫色的苞叶。左侧这组照片是 1901 年在其迟到的花期耗费 4 天时间拍摄的。

◀

邱园里紧邻森林空地南端的是睡莲塘（Waterlily Pond），它是威廉·西塞尔顿－戴尔爵士设计的另一件作品。池塘的水由当地供水公司的冷凝蒸汽加热，使得这里可以栽种半耐寒的水生植物。这张照片摄于1900年左右，照片中的一些睡莲由法国苗圃主人约瑟夫·伯里·拉图尔－马尔利阿克提供。他是第一批成功培育了杂交睡莲的人，其最出名的成果大概就是开黄色花的睡莲品种"克萝蒂玛蒂拉"了。1887年，马尔利阿克将该品种送给邱园。他因给吉维尼镇的莫奈花园供应了很多睡莲而声名大噪。

▲
邱园的第一处玫瑰藤架建于 1901 年，位于岩石花园和草本地被区之间。它营造了幽静的道路，并带来令人愉悦的芳香。1959 年，为纪念邱园建园 200 周年，横穿分类园（按科属来分布栽种植物的园区）的主干道上立起了如今的玫瑰藤架。

▲

蓝铃花是英国林地环境的象征，全球有 30%~50% 的蓝铃花生长在英国。当维多利亚女王把夏洛特王后的乡间别墅转赠给邱园时，她规定周围的土地不能用来耕种。每年四五月间，这里会被蓝铃花织成的花毯覆盖。尽管做了一些改变，但女王的要求基本上还是被遵循了。

◀

水仙花在英国文化中占有特殊地位，它们受到绘画和诗歌作品的赞美，并象征着春天的到来，或许是最受欢迎的园艺植物了。在 19 世纪的邱园甚至整个伦敦，4 月的第一个周末均以“水仙花礼拜日”为由被庆祝。当时，人们总会从自家花园采摘鲜花送给当地医院的病人。如今每年的 2 月至 5 月，邱园的木栈道会被一圈超过 10 万株水仙组成的黄色花毯围绕着。

◀

19 世纪，邱园对来访游客制定了严格的规章制度：不允许游客携带食物；要求穿着体面；园内禁止吸烟、玩耍；婴儿车不得进入。约瑟夫·胡克坚决反对在园里售卖茶点，所以直到他退休，邱园才于 1888 年开设了第一间茶社，茶社位于温带植物温室和玛丽安娜·诺斯画廊之间。茶社开张时向游客供应了茶水和冷饮。1913 年，作为女性选举权运动的一个环节，运动参与者烧毁了茶社。她们还袭击兰花温室，砸碎玻璃，毁坏植物，结果以“疯女人袭击邱园”的头条新闻见诸《每日快报》。上页右图，游客们坐在第一间茶社的接续建筑外，此处于 1920 年开业。

▲

西莉亚·安德烈（中）生于温莎，在孩童时代搬到了里士满。她 1926 年离婚，为了养育两个孩子不得不去工作。她在邱园找着一份服务员的工作，还被安排去服务一定数量的餐桌，并获得一套制服和一双跟高 10 厘米的高跟鞋。微薄的薪水使她需要依靠小费来补贴，有时候小费会比较丰厚。顾客常常订一份茶点套餐，套餐包括一壶茶、面包、果酱和精致的蛋糕。尽管 1929 年西莉亚再婚了，但她依旧工作至 20 世纪 30 年代，彼时她怀有第三个孩子。虽然工作辛苦，可她很享受在邱园的日子，还会深情地谈论起和其他女服务员之间的友谊，以及一同分享顾客留下的蛋糕的情景。

▲

这张漫画诞生于1878年，当时正在进行是否允许公众在上午进入邱园的辩论，而这幅漫画是这场辩论中的一个插曲。只有“受人尊敬者”——主要是植物学家或植物画师——才被允许在下午1点之前，经过园长同意进入邱园。成立邱园公众权利保护协会是为争取更早的公共开放时间，并逐步延长参观时间。这幅漫画的作者把自己画成一位伪装的德国植物学家，以获取入园许可，他看见“有特权的年轻女士”坐在“舒适的凳子上阅读小说”，或“著名的植物学绅士，却在园内长椅上很快睡着了”，“另一些绅士……忙着测试雪茄的烟雾对露天的常青树的影响”。

▲

T型温室其中一间的内部立体照片显示了一块标牌，其内容要求游客保持右行，且避免触碰植物。19世纪50年代至20世纪初期，立体摄影特别流行，常被用来展示重要的旅游景点。这张照片中，展现同一场景的左眼图像和右眼图像如果借助立体镜观看的话，将会使观看者发现该场景的一个三维立体影像。

▲

威廉·达里茂在 1891 年加入邱园成为一名花匠学徒，并最终成为经济植物博物馆的管理员。他记述了 19 世纪 80 年代一个英国公众假日的情形，游客们很尽兴，“一旦在邱园里，他们就会非常遵纪守礼，然而……当邱园被清理干净时，大家会在园中绿地待 2~3 小时，青年人围成一个巨大的圈，玩起追吻游戏，并怂恿所有人参加，这项娱乐活动可谓是‘速度与激情’”。绿地上的摊位叫卖着乌蛤肉、蛋糕、茶饮及柠檬水，算命一次仅花 1 便士。这张照片展现了 1926 年 8 月公众假日结束后的邱园绿地。

▶

邱园的历史记录中有两次飞机坠毁事故。第一次发生在 1928 年 8 月 16 日，当时一架单座金翅雀飞机进行空中表演时突然起火，接着坠落于塞恩透景线的西侧。飞机损毁严重，残骸燃烧了近 30 分钟，而飞行员却毫发无损地逃脱了，他乘着降落伞落在博蒙特大道石狮大门附近的一处屋顶上。

▶

10 年后发生了第二次坠毁事故，这次坠毁没有那么戏剧性。这张照片显示的是 1938 年 1 月 5 日，一架飞机迫降在棕榈温室附近的情景。它原先拉着一面广告横幅，围观的人说，如果降落的时候飞机左翼没撞上树，那飞行员将实现一次完美的迫降，可因为撞了树使飞机偏转，最终导致机头先着地。幸运的是，没有人员伤亡。第二天，清理飞机现场的过程反倒吸引了很多看客。

▲

1899 年，艾伯特·林尼赠予邱园 3 只企鹅。艾伯特是马尔维纳斯群岛政府大楼的首席园艺师及邱园的离职园艺师。当时人们对南极的一切都充满兴趣，约瑟夫·胡克还向罗伯特·法尔肯·斯科特船长提供了极地探险方面的建议。这张照片摄于 1901 年 1 号博物馆外面，喂企鹅的男人是奥拉维先生，他被称为“鸟人”。

▶

乔伊（一只蓝蓑羽鹤）是邱园里的动物明星。1935 年，《邱园协会杂志》描述了它不平凡的一生，包括被刈草机割断一只脚趾，保护其他鹤免受鹅的攻击，以及爱上一只蓑羽鹤并击败了情敌的故事。乔伊的结局蛮悲惨，1935 年 1 月 31 日，它从薄冰上滑倒，不幸溺亡湖中。当地报纸发布它的死讯，写道：“邱园的乔伊死了。”

邱园的旗杆

近 150 年来，邱园中一直竖立着一根旗杆。第一根来自加拿大，由木材商人爱德华·斯坦普提供。它立于以前胜利神庙的位置，在园中历经 58 年，一直到 1913 年，人们发现它已经腐烂不堪、非常危险了，于是索性拆除了它。

拆除后不久，当时的不列颠哥伦比亚省（隶属于加拿大）政府立即表示愿意提供一根替代品。园长助理亚瑟·希尔代表邱园接受了这个方案，继而开始寻找合适的树木。与之前那根一样，新旗杆用一根花旗松的树干制作而成，它同时是一份完美的标本，高约 91 米。树木被砍倒后移除了枝杈，因此缩短至 67 米，之后通过铁路和水路被运到温哥华，由那里的专业斧工完成最后一道工序。最终旗杆长度刚刚超过 65 米，再通过船运于 1915 年抵达英国，然后沿着泰晤士河拖运。第一次世界大战延迟了它的安装，直至 1919 年 10 月，人们终于将新旗杆顺利吊装到位。

第三根旗杆即最后一根，于 1959 年来到邱园，也是不列颠哥伦比亚省政府赠送的礼物，用于纪念该省建省 100 周年（1958 年）和邱园建园 200 周年（1959 年）。当时，它是世界上最高的木制旗杆，高达 68.5 米，重量超过 15 吨。通过切割一株生长了 370 年的花旗松制成这根旗杆，英国皇家工兵部队的 23 名野战队员在 1959 年 11 月 5 日完成吊装任务。之后这根旗杆屹立了近 50 年，直至 2007 年 8 月，它终究还是躲避不了腐烂的命运。考虑到再找一根旗杆意味着要再砍掉一棵高大的树，代价太过昂贵，所以它一直没有被替换。

▲

这张照片摄于 1914 年树木被砍倒的时候，负责砍树的团队展示了树木惊人的高度。

如图所示，这根高大的旗杆从温哥华出发，乘着“梅里奥尼恩号”蒸汽船，于 1915 年 12 月 29 日抵达蒂尔伯里港码头。

▼

▲

如图所示，1916年年初，拖船正沿着泰晤士河拖运旗杆。上图展示了旗杆到达塞恩透景线的情景。《邱园公报》报道，延迟竖立旗杆也有它的好处，“放置在地上的这棵树是加拿大人自豪的源泉，国内游客也能感受到它巨大的尺寸，并对它很感兴趣。这棵树还非常便于人们对木材进行彻底的防腐处理”。

▲

1919年，旗杆通过吊塔的方式被竖立起来，这是一种由拉索支撑的起重装置，高度超过30米。

▲

如图所示，旗杆上方悬挂着联合王国的旗帜；其底座用一块方形钢块固定。

邱园的幕后

邱园是一个拥有数百名员工的大型机构。游客只能接触到少数工作人员，因为大多数员工在幕后工作，扮演着从园丁、科学家、博物馆馆长到艺术家和行政人员的不同角色。若没有数代邱园人的艰苦奋斗，邱园就无法成为今天的邱园。

其中比较显眼的职位是园艺岗，园艺工人负责维护园区和照顾植物。19 世纪，园艺中心约有 100 名员工，他们受到邱园园长的监管。其中约有 12 名员工通过学徒聘用计划最终获得了邱园颁发的文凭。学徒们的工作时间很长，工资很低，但邱园的学徒身份很有价值，毕业后他们可以去往其他地方担任高级职务。除学徒外，各园艺部门还会雇用一个主任和多名工人。1884 年的园艺中心由热带、草本植物、温室及观赏植物、温带植物温室和树木园等部门组成。在引进机械化设备前，园艺中心的工作都非常辛苦，因为要依赖人力或邱园的马来完成。

除了园丁外，邱园还雇用了多个领域的科研人员。他们以标本馆为工作基地，因为馆里存放着干燥的植物标本（至今如此），标本承载了植物的身份信息。从 1877 年起，贾德瑞尔实验室开展了植物生理学研究，后来还涉猎植物解剖学和细胞遗传学。为了支持园艺和科研工作，人们全面收集文献资料存放在图书馆，并由标本馆馆长负责管理。此外，一位博物馆馆长和其他行政及服务人员一起管理各个博物馆。19 世纪和 20 世纪初的工作人员记录中还列了一些工位，如引火员、医务人员、搬运工、门卫、巡警、消防员以及一位“撞钟人和水鸟饲养员”。这些角色反映了邱园的运转需要不同工位的相互配合。

对于员工来说，邱园不仅仅是一个工作的地方，也是一个“大家庭”。邱园的体育活动和社交俱乐部蓬勃发展，其中最有名的是邱园协会。它于 1893 年成立，目的是和前员工保持联系。他们之间建立了长久的友谊，随着女性开始进入邱园工作，有些成员间还组建了家庭。

◀

20 世纪 40 年代，J. A. 西蒙在邱园担当园丁。之前他是海峡群岛奥尔德尼岛（Alderney）上的农民，第二次世界大战期间在德国占领之前逃离。西蒙在邱园的职责还包括为园中的 5 匹萨福克（Suffolk）马收割干草。

▲

19 世纪通过移栽大树来改变和提升公共及私人景观的做法很常见，但这种做法常常对树木造成伤害，而改观的效果往往是暂时的。威廉·巴伦（1805—1891 年）最初是爱丁堡皇家植物园的一名园丁，之后在埃尔瓦斯顿（Elvaston）城堡任职，为第四代哈林顿伯爵做园林绿化工作。他的雇主要求他移栽一棵大树，他意识到以前的办法解决不了问题，因此自己琢磨出一个解决方案，设计了一款树木移植机——一种马拉的机器，可以把树木运到 32 千米之外而不损伤它。

▲

树木移栽前需要几个季度的准备时间。先在树的周围挖一圈沟，斩断那些向外扩展的根系，然后往沟里填上细土。接下来大概一年中，根系会长出幼根伸进沟里。准备移走树木前，要给根系裹上帆布，并以木板支撑。如图所示，人们正在用树干作滚轴来运输一棵树。巴伦的树木移植机对上述的方法做了改进，他的机器可被完全拆除，并在另一棵树周围重装。该移植机可以运送 7 吨重的树木，单靠人力很难做到这一点。

►

邱园在 1866 年购买了移植机，一直用到 1936 年。这台机器大概需要 10 个人和 3 匹马进行操作。1998 年，邱园的伙伴们出资修复了这台机器，它是世界上这个系列的最后一台移植机。

◀

威廉·达里茂是一名深受欢迎的长期员工，他在邱园的工龄超过45年。1891年，他20岁的时候以学徒身份加入邱园，在棕榈温室、热带植物苗圃及树木园工作，并于1901年升职为主任。这张照片中，他正年轻，可能还是学徒，他正扛着修剪枝条的工具。后来他成了博物馆馆长，建立起木材博物馆，并于1925年指导了位于贝奇伯里的国家松树园的建设。他是英国乔木和灌木研究的权威，还在邱园协会的建立过程中发挥了关键作用。他的同事称他为“老好人达里茂”。

▶

邱园的树木园于1795年建立，占地从最初的2公顷扩大到现在的121.5公顷。随着面积扩大，园中的乔木和灌木数量也在增加。1896年，有记录的物种和品种数达到了3 000种，1924年，这一数字上涨至6 300种，现在则为14 000种。随着时间推移，园艺技术日新月异，一定程度上得益于设备机械化程度的提高。如图所示，人们正用移轴上的千斤顶和木板移走树木。

树木移栽后需要好几年的时间来恢复，邱园干燥的砂质土壤让这一过程显得更漫长。其间还需施肥，这些肥料来自当地的马拉公交站。19世纪90年代末，达里茂记录到，邱园允许农民在园里割草去饲喂他们的牲畜，以换取廉价的农家肥。

如果树木出现蛀洞，应先清除死的或腐烂的部位，然后用抗菌剂处理伤口，并涂上一层煤焦油，以防虫子寄生。大个的蛀洞会用砖块填充，然后涂上一层水泥，防止湿气渗入（最右侧的图）。

▲

C. F. 科茨是树木园的育种师，如图所示，1943 年，他正把一段枝条上的芽嫁接到新的砧木上。这段特殊的枝条来自林肯郡伍尔索普庄园的花园中一株苹果树的后代。那里是艾萨克·牛顿的出生地，传闻（这棵树上）苹果的掉落启发了牛顿创建万有引力理论。当这株树快枯死时，全国信托组织把一段枝条送至邱园繁殖。1945 年，嫁接成功后，一株树苗被送回伍尔索普。

◀

这间小棚屋属于热带植物部的苗圃，它挨着其中一个温室，为主要的展览温室提供了数以千计的植物。操作台下的箱子中放有壤土、泥炭和砂石的混合物，用于制作盆栽幼苗。人们还收集邱园及附近公园里的枯叶腐殖质和绵羊粪加入混合物中。

◀

空中压条是一项用于繁殖乔木和灌木的技术，尤其适用于那些不容易扦插生根的植物。方法是先往植物的茎上弄一处伤口，然后裹上湿苔藓，再用聚乙烯薄膜覆盖以保存水分。这样可促使包裹的伤口生根，一旦根系长好，这段茎就从主枝上被切下种到盆里。如图所示，1954 年，棕榈温室采用了这项技术。今天仍然在使用这种方法。

▲

一群园丁在 T 型温室的兰屋打扫卫生。清洁和维护各种温室的工作很辛苦，却是必要的。温室内潮湿的空气导致藻类生长，进而形成污斑。当地糟糕的空气污染致使玻璃外侧很快沾满烟尘，这个特殊难题直到 1956 年议会通过了《清洁空气法案》后才开始好转。威廉·达里茂回忆起他来邱园的第一天，被眼前问题的严重程度所震惊的过程：“天南星屋……看起来好像是用石板盖的，而不是玻璃，直到我看过蕨类屋、温室、多肉屋和 T 型温室后，我才意识到外面有一层灰。烟雾散去后玻璃还没来得及清洁，满是黑黑的污垢。更糟糕的是，蕨类屋几乎都由玻璃盖成，其他一些房子也有部分是用玻璃盖的。当时我还不知道伦敦的烟雾会损害植物，事实上它们本该获得一流的栽种条件。”

▲

人们正在清洗“10号温室”——睡莲温室，这比清扫兰屋更具挑战，因为睡莲温室屋顶较高，清扫起来需要良好的平衡感。

►

这张照片摄于1924年5月，其中的人物是温带温室苗圃的副主任塞耶。这个复杂的苗圃专为温带温室培育植物。它位于马厩的院子里，游客无法进入。1993年，这儿被一座归并了锅炉房而改造成的新繁育室取代。

19 世纪至 20 世纪期间，邱园养育了 1 匹矮种马和 7 匹普通马，用于犁地、割草和搬运重物。这些马占用了两个围场，一个位于狮门旅馆附近，另一个在目前银行大楼所处的位置。养马人曾住在马厩院子附近的平房中。最受欢迎的马是萨福克马，这一耐寒品种在 18 世纪育成，适用于农业生产。

▶

1931 年 4 月，14 岁的乔治·阿普尔比进入邱园当一名马童，每周薪水为 18 先令。3 年后，他升职为马夫助理，1938 年再升为马夫，每周薪水为 2.12 英镑。他一直和马打交道，直到 1951 年被调至警察局。他于 1982 年退休。

▶

一场大雪过后，马正在拉雪犁。邱园里有存放易腐败食物的冷库，冬天须从湖里挖起冰块去补充冷库里的冰。人们把冰块放在推车上，再用马来拉。园丁们都不爱干这份工作，这时候就得用啤酒来“贿赂”他们了。

▲ ►

如图所示，乔治·阿普尔坐在装满干草的车上。这些干草来自树木园。

报纸上说园丁们在花丛中干活，所有的伦敦市民都迫不及待地赶去邱园；观光巴士的顶屋视野极好，可以清楚地看见邱园中穿梭于花丛中劳作的女园丁们。

——摘自维多利亚时代的一本讽刺周刊《趣闻》

◀ ▶

1896年，邱园招收了第一批女园丁，即安妮·故尔温和爱丽丝·哈钦斯，她们毕业于斯旺利女子园艺学院。为了不让她们的男同事分心，并防止员工之间谈恋爱，她们不得不穿上一套不怎么好看的制服，包括棕色灯笼裤、羊毛长袜、马甲、夹克和鸭舌帽。在左侧集体照中，我们很容易从一群男同事中认出两名女园丁。提起爱丽丝在邱园中的经历，她的丈夫说："女孩们早期的遭遇非常艰辛，和她们在两次世界大战期间的待遇大不相同。"尽管如此，爱丽丝仍出色完成自己的工作，当上了高山植物部的副领班。右侧照片拍摄于1898年，从左到右分别是埃莉诺·莫兰、格特鲁德·科佩和爱丽丝·哈钦斯。到了1902年，所有的女园丁都被迫离开邱园去别处从事园艺工作。直至第一次世界大战爆发，女园丁才再次出现在邱园。

▲

安妮·故尔温于 1897 年离开邱园，前往南威尔士的一处庄园担任园长。1898 年出版的《邱园协会杂志》报道她是“第一位像男性那样独立管理花园的女性”。

▲

这张合照拍摄于 1916 年，照片中是标本馆最早的四任馆长，从左到右依次是：丹尼尔·奥利弗教授（1864—1890 年）、博廷·赫姆斯利（1899—1908 年）、奥托·施塔普夫博士（1908—1922 年）、J. G. 贝克（1890—1899 年）。馆长是标本馆职位最高的员工，负责图书馆和标本馆的藏品。

►▲

这张合照拍摄于 1902 年，里面都是邱园的高级职员，从左到右依次是：沃尔特·欧文，草本植物部的领班；威廉·沃森，邱园园长；查尔斯·P. 拉菲尔，温带植物温室的领班；沃尔特·哈克特，热带植物部的领班；威廉·杰克逊·比恩，邱园的园长助理；亚瑟·奥斯本，园林美化部的领班；威廉·达里茂，树木园主任。

►

从 1882 年起，邱园的员工自愿组建了邱园消防队，其消防站位于邱园路的瓜果小院内，靠近邱园绿地的南端。消防站入口很早就被砖围了起来，如今沿着墙边看去依然可见入口痕迹。20 世纪 20 年代，志愿消防队解散了，园区的消防任务转由里士满消防队负责。

▲

皇家植物园保安队成立于 1845 年。最初，伦敦警察队会派一名警员夜间看守邱园，保安队则负责开园时段的巡查。这些“巡警”要么是兼职的园丁，要么是克里米亚战争的退伍人员。到了 1859 年，保安服务才正规化，变成由一名警察、三名穿着制服的保安员和两个门卫负责。西塞尔顿－戴尔是一位白发苍苍的巡官，照片里他持一根拐杖站在中央；他经常穿着整套警察制服巡逻。

▲ ◀

威廉·西塞尔顿－戴尔是非常重要的一任邱园园长，他还有些神秘。达里茂第一次见到这位园长时，形容他是“一个苗条的男人，穿着骑马裤、棕色天鹅绒夹克和花呢马甲，戴着一顶提洛尔帽（登山帽的原型），抽着香烟”。当时邱园内严禁抽烟，只有制定这项规则的人——园长除外。

在达里茂的回忆录中，他想起了一个关于西塞尔顿－戴尔行事风格的故事。在19世纪90年代，园丁学徒都穿着布料套装工作。当达里茂又穿坏一套制服后，他就索性给自己买了廉价的灯芯绒裤和蓝色亚麻布夹克。西塞尔顿－戴尔看见他穿这一身衣裤时，把他拉到一边询问从哪儿搞来的裤子。没过几天，大家发现西塞尔顿－戴尔也穿起了灯芯绒裤，很快，其他高级职员也开始效仿。

▲

1899年，西塞尔顿－戴尔获封爵士，如图所示，他戴着宫廷礼帽，胸戴圣米迦勒及圣乔治勋章。

▶

成为园长后，西塞尔顿－戴尔任命自己为邱园保安队的督察官，现在的园长依然持有这一头衔，这个身份还会获得一套警察制服。

邱园的员工每年都会聚到一起拍集体照。以下挑选出来的照片时间间隔约 20 年，可以让人们直观了解时装的变化和全园员工的统计特征。举个例子，第一次世界大战期间（1916年）拍摄的照片中有很多女员工，而之后拍摄的照片却几乎没有女性。此外，这张照片还表明邱园当时雇用了男童工，他们早早便开启了打工生活。

▶ 1878 年

▶ 1893 年

▲ 1916 年

▲ 1934 年

◀ 1960 年

◀

1937 年至 1960 年，邱园的园长为威廉·麦克唐纳·坎贝尔（坐在左侧）。每天早晨，他都会和助手们开会讨论日常事务，包括收寄植物和分派公众送来做鉴定的标本等。20 世纪 40 年代，如图所示，坎贝尔团队成员从左到右依次是：亚瑟·奥斯本（树木园）、查尔斯·P. 拉菲里（温带植物温室）、路易斯·司坦宁（热带植物温室，1960 年接任为邱园园长）、西尼·A. 皮尔斯（园林美化部）、R. 霍尔德（草本和高山植物部）。

▲

1936 年至 1948 年间，约翰·哈钦森担任博物馆馆长一职，负责管理经济植物学藏品，并为英国的政府部门及殖民地政府提供咨询服务。如图所示，他正在标本馆查看干标本，那段时期，他在修订乔治·边沁和约瑟夫·胡克的巨著——1862 年出版的《植物属志》(*Genera Plantarum*)。边沁在 19 世纪估算了全球被子植物有 7 500 个属，即便是他和约瑟夫这样顶尖的科学家，描述所有的属也是一项艰巨的工程。哈钦森接过接力棒时，已知的属有 11 500 个，而他几乎是独自一人完成了修订任务。这套书原计划编成 10 卷，但哈钦森的《有花植物属志》仅在 1964 年、1967 年，以及他去世后的 1972 年出版了 3 卷。

▲

如图所示，两名员工正在装裱室工作。她们把采集来的标本烘干、压平后，会将标本订到一张档案纸级别的标本台纸上，并在台纸右下角贴上鉴定标签。标签上写明标本的来源、采集人、科名和属名编号、植物学名，以及其他信息，如该植物在采集地的用途等。经过装裱的标本按科、产地、属和种的顺序存放于标本柜中。附属标本，主要包括果实和种子，具有同样重要的分类学价值。但果实之类的研究材料常常太大而难以被固定在台纸上，这时候就得分开制成附属标本和主标本，两者相互补充。此外兰科属的花易碎，人们会收集碎片制成辅助标本，否则会难以保证其形式上的完整性。

植物特征在传统上是通过绘画来表现的，甚至在已经进入摄影时代的今天，植物插画仍是植物学家向同行展示新物种的重要工具。照片无法像插画那样传达植物的全部特征，例如，在一份标本上同时描绘花和果，展示出其重要的识别特征，精细并按比例地展示微观结构，以及在科学环境下分解植物组织等。多年来，许多艺术家将其创作技巧“借给”了邱园，从乔治三世时期的“国王御用植物画家”弗朗茨·鲍尔，到为当代植物学做出贡献的男男女女。此处以四个案例展现了这一艺术形式。

◀

1817 年，沃尔特·胡德·费奇出生于苏格兰的拉纳克郡。1832 年，他利用空闲时间装裱标本时结识了威廉·胡克，当时他是一位印花棉布设计师的学徒，而胡克是格拉斯哥大学的植物学教授，也是《柯蒂斯植物学杂志》的编辑。随后胡克给费奇寄去了一些插画，让他复制生产。费奇在绘画、构图、制作速度和精度方面表现出的天赋给胡克留下了深刻的印象，因此这位年轻的美术师结束了学徒生涯，并开启与《柯蒂斯植物学杂志》和邱园的长期合作。接下来的 40 多年里，他为《柯蒂斯植物学杂志》创作了 2 700 多种植物的插画，总计出版了 10 000 多幅画作。费奇特别擅长平版印刷术，即用油性或蜡质的材料在金属片或石板上绘制图像，再印刷生产。他可以直接在金属片或石板表面作画，不需要绘制草图。

▶

斯特拉·罗斯－克雷格生于 1906 年。她的父亲是一位植物学家，很早就教她认识野花。18 岁时，斯特拉进入萨尼特艺术学校（Thanet Art School）学习人体素描、版画制作、摄影和刺绣，还参加了植物学夜课。1929 年，她开始为《柯蒂斯植物学杂志》作图，并在接下来的 50 年里提供了 300 多幅插画。在其杰作《英国植物素描》中，她将精湛的黑白绘画技巧发挥得淋漓尽致。该书创作于 1948 年至 1973 年间，其内容涵盖了除禾草和莎草外英国所有的本土植物，分成 31 个部分，收录了 1 316 幅图画。

◀

费奇离开邱园后，约瑟夫·胡克开始为《柯蒂斯植物学杂志》寻找新的画师。胡克的远房亲戚玛蒂尔达·史密斯是一位技艺精湛的画师，但此前对植物学知识了解甚少，所以她受聘后需要胡克从旁指导。她于1877年任职，彼时23岁，此后45年中一直服务于邱园，为《柯蒂斯植物学杂志》创作了2 300多幅画。起初，和邱园的其他画师一样，玛蒂尔达提交画作后才会收到报酬。但是，到了1898年，她作为《柯蒂斯植物学杂志》唯一的画师，进入正式编制，成为第一位科学植物画公务员。1916年，玛蒂尔达当选为邱园协会会长，并于1921年被林奈协会接纳为预备会员——她是第二位获得这一荣誉的女性。为了表达对胡克的敬意，玛蒂尔达还给位于邱园绿地的圣安妮教堂的胡克纪念碑设计了花卉浮雕。

▶

安·韦伯斯特在吉尔福德艺术学校（Guildford Art School）学习后成了一名自由职业植物插画师，为《柯蒂斯植物学杂志》《热带东非植物志》和邱园的出版物供稿。如图所示，她正在描绘玫红美冠兰——一种有着紫红色花朵的高大兰花。这张照片摄于1951年，展示了植物画师接近绘画对象时通常面临的困难。

◀

1930 年，查尔斯·梅特卡夫担任贾德瑞尔实验室的主管。起初，实验室的工作人员除主任外，仅有一名实验室助理，他们一同研究植物解剖学并鉴定植物标本。如图所示，查尔斯·梅特卡夫正在鉴定一份木材标本。警方偶尔会请求实验室鉴定从犯罪现场发现的植物材料样品，包括经常用来铺保险柜的锯末和沾在窃贼衣服上的保险柜锯末。

▶

随着贾德瑞尔实验室职能的不断扩展，职工的数量也增加了。1960 年，查尔斯·梅特卡夫手下有 3 名员工，随着细胞学部和生理学部的相继成立，一栋新楼拔地而起。到了 1964 年，实验室已有 20 名固定职工。这张照片摄于 1963 年，地点在旧的贾德瑞尔实验室外。站在照片中央的便是梅特卡夫。

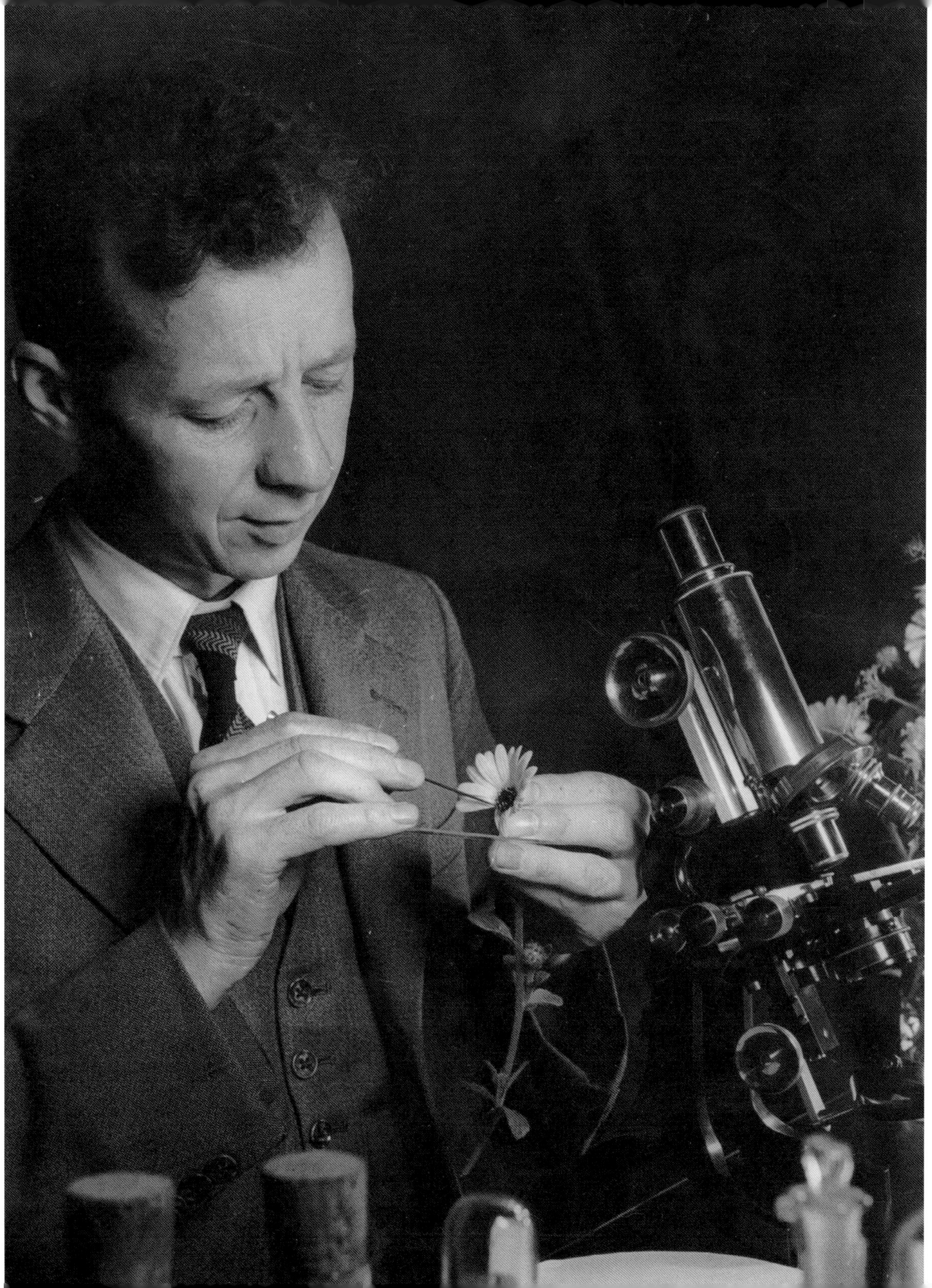

◀

20 世纪 40 年代，博物馆的主管是哈钦森博士，罗伯特·梅尔维尔博士是他下属的一名科学家。如图所示，梅尔维尔正在把非洲菊的花粉刮到一块载玻片上。花粉粒采集是“国家参考资料收藏计划”的一部分，有助于鉴别引起花粉过敏症的花粉。梅尔维尔是邱园在英国政府的蔬菜药品供应委员会的代表之一，负责提供药用植物资源方面的建议。

▶

弗朗克·诺尔曼·哈维斯生于南非，1926 年成为邱园博物馆的一名助理，此前他是黄金海岸（1867—1957 年，英国在西非的殖民地，独立后成为现在的加纳）地区农业部门的经济植物学家。1948 年，他接任了博物馆馆长一职，后来还接管了经济植物学部门。弗朗克是一位高产作者，出版了一系列著作，涉及多种主题，如经济植物、树脂、坚果和蜜蜂。如图所示，他在检查博物馆商店中的木材样品。

▲

1969 年之前，邱园的图书馆位于猎人屋，是这座建筑中最老旧的部分。它对英国本土和海外学生、访问学者开放。图中坐在桌子左侧的是来自乌干达的访问学生塞缪尔·奥图莱，右侧的是帕特·布雷南，当时（1959 年）是非洲分部的负责人。1965 年，布雷南出任标本馆馆长及邱园园长助理的职位。

▲

邱园的工作一直有着强烈的社交属性。成立于 1893 年的邱园协会，是“英国皇家植物园——邱园从过去到现在全体工作人员组成的联盟”。一开始，协会仅对从事园艺工作的人开放，但最终还是允许所有员工加入。自创立以来，协会每年会向学生颁发奖金，并出版一本会刊，向许多视邱园为母校的人分享邱园的情况。它还举办一年一度的晚宴，这张照片就展示了 1905 年在霍尔本（Holborn）饭店举行活动的场景。进入 21 世纪后，邱园协会仍然聚集了从过去到现在的全体员工。

◀

邱园的植物学俱乐部成立于1892年，它为那些没有在标本馆工作的人提供了一个学习植物学的机会。此外，人们也希望俱乐部的存在能够鼓励园艺工作者为标本馆采集标本，提供了最好的收藏品的人将获得奖金。如图所示，1956年，一些俱乐部成员参加一年一度的郊游活动，那一年他们去了邓杰内斯（Dungeness）自然保护区，聚集在沙丘和海滩上。这张照片由1956年俱乐部的主席F. 奈杰尔·赫珀拍摄，照片里有吉米·奥谢、蒂姆·哈维、艾伦·帕特森和特雷佛·埃尔顿。赫珀在1956年评论俱乐部时写道，每年的郊游都是“迷人而有意义的一天”，落款是“在黑麦店喝茶”。

◀

第二次世界大战期间，由于邱园执行定量配给政策，加上许多员工没有服兵役，邱园协会的年度晚宴被茶聊取代了。图中是1946年在园长的花园中举办的茶聊。这一年《邱园协会杂志》中写道：“事实证明，每年一度的茶聊如此受欢迎，以至于它可能会被保留下去，作为战争时期欢聚一堂时刻的永恒纪念。食物供给问题使得1948年晚宴的举办概率变得相当渺茫。”

跑步、网球、无挡板篮球、游泳、板球和足球俱乐部是邱园欣欣向荣的社交活动的主要组成部分，还有诸如布丁俱乐部之类久坐不动的节目。1893 年，《邱园协会杂志》的第一版刊登了关于板球俱乐部的详细信息，其中写着“在保持园丁健康方面，邱园园丁的板球俱乐部可能比官方医护人员做得更多”。1893 年，邱园的乡村俱乐部在这个赛季举办了两场为期半天的周六比赛，此外还有一些晚间比赛，包括“南北方”和“吸烟者对非吸烟者”。

板球俱乐部，1933 年

网球俱乐部，1908 年

▲

足球队，1951 年

▲

男女无挡板篮球队，20 世纪 50 年代

战火中的邱园

两次世界大战期间，邱园的生活几乎没有中断。第一次世界大战时，园区的日常管理事务受到干扰，这极可能是由于志愿者替代了正式园丁，但这个问题并没有持续很长时间。第二次世界大战爆发后，邱园对公众关闭了，数量缩减的工作人员被重新部署，为员工和游客建造了防空袭设施，但邱园很快又重新开放，参观规模实际超过了和平年代。不可替代的图书馆物品被疏散至牛津郡和格洛斯特郡。

在两次战争中，每家每户的草坪都得到了开垦，因为大家被敦促“为胜利而挖”。为了让英国民众自给自足，公共土地（包括邱园绿地）被划分成小块的配给土地。邱园承担了一个新功能——自创一种“示范”补给田，试图指导公众以最佳方式种植自己的蔬菜，还开垦了一些能供当地居民使用的土地。邱园的科学研究变得与努力抗战更直接相关，植物学者们将注意力转向寻找可替代的粮食作物和药用植物之上，这些植物已无法再进口。他们还开展了试验工作，例如把荨麻织物应用于增强飞机制造中使用的塑料的功能。

第一次世界大战期间，有 30 多名女园丁受雇于邱园，其中大多数人一直留到 1918 年，还有些人留到 1922 年 3 月 31 日，那一天女园丁们的聘用关系终止了。1941 年第二次世界大战来临时，英国强制征召妇女参加战争期间的工作，邱园再次要求女性填补岗位空缺，这一次招聘的人数比以往的更多。

“闪电战”发生期间，有 30 枚高爆炸弹落入邱园。这个地方是否曾被充分考虑作为一个合理的目标是一件有趣的事，因为钱伯斯的宝塔杰作已转变为测试炸弹的空气动力学性能的场所。英国皇家航空公司派遣炸弹设计师把炮弹小模型往每层楼的洞口扔进去，并记录下它们的爆炸情况。

1941 年，一颗炸弹落在离宝塔很近的地方，幸好没有造成破坏。然而，其他炸弹震碎了温带植物温室、棕榈温室、诺斯画廊和 1 号博物馆的玻璃。在 1940 年 9 月 24 日至 25 日的夜间突袭中，植物标本馆和图书馆损失了 121 块窗格玻璃，即便如此，交战时期邱园仍向游客开放。睡莲温室也遭受到相当严重的炮火毁坏，而唯一遭到直接轰击的是马夫的房子。志愿消防人员和工作人员从 1939 年 9 月 1 日至 1945 年 3 月 24 日每晚待命。

1919 年 7 月的和平日，1 号博物馆的附近被放置了两棵栎树和一棵欧洲七叶树。它们是用 1917 年从法国凡尔登战场收集到的种子培育的。其中一棵栎树种在钱伯斯设计的阿瑞图萨神庙附近，这座神庙后来成为两次世界大战阵亡者的纪念碑。

▲

在国内战线上，由于人们试图从困苦和动荡的生活中暂时转移注意力，参观邱园的游客数量便从 1941 年的 825 372 人次猛增至 1943 年的 1 401 001 人次。对于寻求一日游的伦敦人来说，旅游路程的限制意味着邱园是一个合适的目的地。这张照片摄于 1940 年左右，展示了游客在参观邱园内的一个示范区。

▲
1915 年 12 月,《邱园协会杂志》报道:“在过去 9 个月里,第一次世界大战已经让一切事物黯然失色。”据杂志描述,那年年会上,协会主席提议为皇家军队干杯,并评论道“邱园同胞正竭尽全力”,而且他“乐于看见以前熟悉的卡其色出现在房间内”。除了一名已婚的工人之外,所有处于服军役年龄(40 岁以下)和满足服役条件的员工都已应征入伍。女性承担了许多任务;仅 1915 年,38 位固定的园丁中就有 24 位女性。

▲
1909 年,威廉·B. 特里尔开始担任植物标本馆的馆长助理工作。他于 1915 年加入皇家陆军医疗队的卫生部门,该部门主要负责维护军队的兵营、厨房和宿舍的环境卫生。这个职位只有受过良好教育、技术精湛的人才能胜任,有时还会从专业人群里选拔。

▲

1914年7月，约瑟夫·里尔登在基尔代尔市（Kildare）的塔里（Tully）苗圃接受培训后，成为一名园丁。他参加了邱园的“共同进步协会”（Mutual Improvement Society），并在经济植物学专业取得最高分数。1914年10月，他为该专业讲授了关于“爱尔兰的高山植物”的课程。1915年10月，他离开邱园，去往马萨诸塞州的剑桥植物园当园长助理，4年后被任命为园长。上图显示了战争时期他在海军服役的情景。

◀

他是第一次世界大战中勇敢战斗的众多邱园员工里的一位。关于这位士兵，除了他的名字叫弗兰克，以及他和爱尔兰科克郡的弗莫伊领地有关系外，我们无从知晓更多。《邱园协会杂志》刊发了参加武装斗争的前员工的书信，为他们提供了一个倾诉亲身经历的平台。其中一封来自西部前线的W. F. 歌德弗雷，讲述了他和战友们“曾经对不幸处于战壕里的每一个敌人几乎产生了怜悯之情。一直以来频繁的爆炸照亮了战场，但，那是什么！火箭弹？……我们盯着它们爆炸。绿色及其他颜色的火星雨给人一种水晶宫（Crystal Palace）焰火表演般的印象……炸裂迸飞的弹片毫不留情地冲来，‘嗖嗖、嗖嗖、嗖嗖’预示着它们在逼近”。约瑟夫·帕克斯顿的另一幅杰作《家与水晶宫》的隐喻更给这段记录添加了特别的辛酸。每年杂志都会印刷一份邱园工作人员服兵役的名单，从过去到现在，这份名单记录着那些在战争中牺牲的人，包括同一天在法国失去生命的两名职工：“H. J. 史密斯中士——植物园的劳工，和一个很棒的男孩——F. 温德班克，二等兵，两人都属于东萨里郡兵团。”

▶

棕榈温室外威廉·纳斯菲尔德的花圃承担了一个新角色：粮食作物替代花卉展览。1915年，《邱园协会杂志》发表了以下的诗歌，题名为“我们的光荣榜，帝国的园丁们”。署名只是简单的“H.H.T.”，这可能指《园艺师》杂志的编辑哈利·H. 汤普森。他曾是邱园的一名园丁，后于1899年离开了。

他们是土地的耕耘者——那时候只是园丁，
怀着这样的信念：当一天的工作来临时，就完成一天的工作，
在淡泊寡欲中孕育平和的艺术——不追名逐利，
当帝国敲响钟声，召唤他们的时候。

他们是园丁，从纤弱的花群里寻找快乐，
柔弱的叶丛隐藏着爱，甚至路边的野草也焕发魅力。
但在他们最狂野的梦中，从未有谁起来做勇敢的事，
保卫正义的事业，抵抗无情的势力！

广阔的世界将鲜花赠予他们——高耸的山脉，
低洼的峡谷和典雅的丘陵都被白雪环绕，
在那儿，夕阳的火焰点燃了阿尔卑斯的光芒。
噢！命运无情！去仰望那些山，然后死去！

战神站了起来，精神抖擞——随后是园丁和士兵们！
他们沉睡于和平，却勇敢醒来，满怀男子汉的热情，
奉献生命，响应爱的至高呼吁。
为国王、为国家而战斗，而死亡——园丁们、男人们！

后排，从左往右依次是：K. W. 哈珀、I. L. 莱恩斯、H. A. 罗文、M. I. 约、N. J. 沃森、E. M. 哈珀、K. 沃森
中间一排，从左往右依次是：H. W. 戴维森、N. M. 威尔特希尔、C. 纳什、V. H. 哈维、E. M. 凯西、H. M. 兰森、A. 哈钦斯、C. F. 埃利斯、M. W. 沃森
前排，从左往右依次是：A. B. 弗雷达、N. 罗伯肖、I. E. 克拉克、L. H. 乔舒亚、R. M. 威廉姆斯、E. 施蒂宾顿、V. S. 贝尔、M. E. 戈德、M. N. 欧文、N. 格兰特

▲

这张照片展现的是1916年邱园的女园艺师们。到1918年，战争已经持续了4年，女性发挥着越来越大的作用：她们一般作为男人的助手在植物标本馆工作，但在植物园，却有3位女性担任领班之职。34位园丁的队伍里，有23位是女性。露西·乔舒亚是1915年加入邱园的那批职工之一，起初她发现这份工作“枯燥……要修整灌木丛和帮助推动又重又很不平衡的割草机滚起来……不过，我们觉得这是抗战工作，因而心情一直很愉悦”。她回想起，除了棕榈温室外，女性在每一个部门是怎样工作的，尽管大部分人被分配到了园艺部。如图所示，女工数量如此之多，以至于获封“科茨的后宫”（Coutts' harem）之名，因为女工团体的领班叫约翰·科茨。女园艺师们经验丰富，已在诸如斯旺利园艺学院、雷金特植物园（Regent's Park Botanic Gardens）和邱园之类的机构受过培训。即使最初她们的出现遭遇了男同事们质疑的眼光，露西记得她们曾“向他们表明我们准备好了全力以赴、奉献一切……终于，关系破冰了，我们产生了真正的同志情谊”。遗憾的是，在1922年之前的邱园员工名单上她们却销声匿迹，虽然标本馆的一些女职工留了下来。

▲

英德之间的海战导致食物短缺，公共土地常被用来生产补给，正如这张 1917 年拍摄的邱园绿地照片所展示的。照片中的建筑是圣安妮教堂，它与邱园有一段漫长的情缘；威廉和约瑟夫·胡克都被埋葬于教堂墓地，并且两人的纪念碑均位于围墙之内。

▶

1939 年，沙袋墙被堆砌好以保护植物标本馆。沙袋通常被用作临时的防御设施，关于它的使用还配有参考指南。

◀

这张照片摄于 1939 年秋季，展示了剑桥别墅花园中的观察岗哨。1939 年 9 月英国对德国宣战之后，双方却有一段时间并没发生任何实际的军事行动。公众以为不会发生什么严重的事，但仍被要求做好遭受侵略的准备：严格的灯火管制生效后，汽油供应要实行定量配给政策，后来连食物也如此。观察岗哨是士兵监视可能发生的敌军活动的场所，它遍布全国各地。其中一些是临时建筑，比如这一个就用木头和沙袋建成，今天我们还能在乡村发现其他的岗哨。

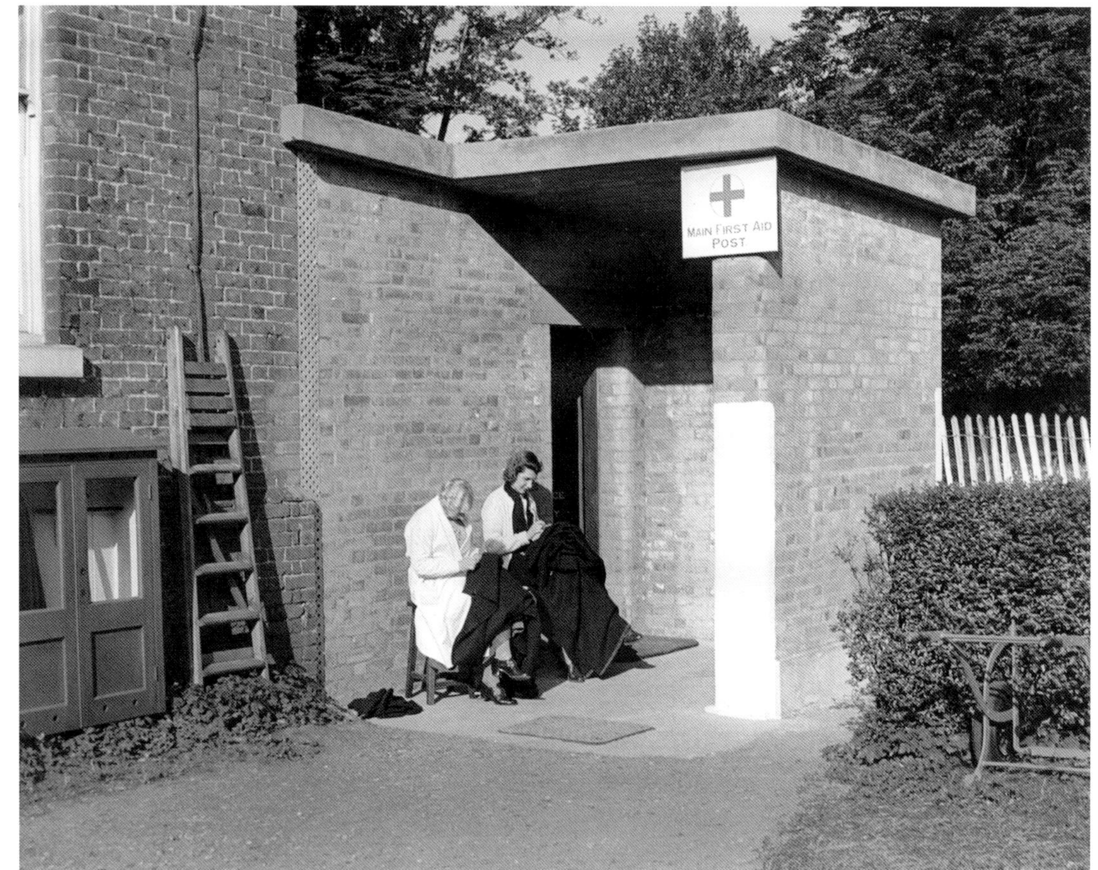

▲

艾尔西·韦克菲尔德是植物标本馆的一位植物学家，明妮·希尔女士则是热带繁殖部的一名女园艺师，如图所示，这两人在标本馆急救站的入口处缝毛毯。根据农业部发给 ARP（大英帝国为保护平民免受空袭危险设置了一系列组织，并制定了配套的方针政策，1941 年 ARP 更名为“民防局”——译者注）全体人员的公函，在离开急救站之前，应用难擦除的铅笔或口红在重伤者的前额做标记，字母“T”表示止血带，“M”表示吗啡，“H”表示大出血，“C”表示毒气污染，“X”表示其他任何需要医生立即关注的情况。

▶

政府公布的安德森避难所是以约翰·安德森爵士的名字命名的，他作为英国掌玺大臣，负责协调空袭防御工事。这座防空洞靠近宫殿苗圃，照片摄于施工期，显示出建筑的基础结构是镀锌瓦楞钢板制的弯曲面板。上面覆盖了大约 1.5 米厚的土，可以吸收大量的热能，从而保护里边避难的人免遭炸弹攻击。

▶

如图所示，威廉·特里尔正在示范全面防毒气保护套装的穿戴，防空袭人员要经常穿它。1940 年春天，里士满成立了一支地方防御志愿兵连队（后来的英国国土警卫队），因有许多邱园工作者参加，很快便形成一个邱园兵排，共有 60 名成员，经济植物学家杰弗里·埃文斯爵士当指挥官，助理植物学家 J. 罗伯特·希利任副排长。与此同时，特里尔负责将邱园植物标本馆的标本和书籍转移至牛津，并受海军情报部门之托要进行一项不太明确的“植物学任务”。

▲

战争爆发一个月后，英国农业部发起了著名的“为胜利而挖”的运动，鼓励国民把自家花园变成补给土地，来给自己的亲人和邻居供应食物。而那些没有花园的人，则可充分利用公园的土地，就这样，整座城市的风光改变了。至 1943 年，超过 100 万吨的蔬菜生长在这些补给土地上。邱园也尽力将部分园区转变为农产品种植田，并提供了关于粮食作物栽培的培训课。如图所示，工作人员正在示范播种豌豆的最佳方法。

▶

农业部发起模块分配计划（Model Allotment Plan）是希望一片小区域要供应一个五口之家一年左右除土豆外的蔬菜补给。这片示范补给田位于橘园前方，方便游客前来参观，它的作用本是供私人农户模仿学习的。尽管它在室外，却能产出各类蔬菜，包括豌豆、荷包豆、胡萝卜、南欧蒜、洋葱和西红柿，以及各种药草、水果，比如苹果和梨等。

▲

1940 年，园艺部的部长助理西尼・艾伯特・皮尔斯在邱宫前面的示范区演讲。战争爆发的时候，皮尔斯承担了邱园粮食和田地分配的监督管理任务。许多草坪被开垦成农田种庄稼，温室里的部分区域还种着西红柿。

◀

土豆的每亩田产量比其他同类作物的更高，这等能力使得土豆对于抗战异常重要。然而，土豆种苗的供应无法满足需求，所以英国食品部建议邱园提出一个解决方案。于是邱园园长威廉·坎贝尔开展一些试验来评估改用块茎切片栽培土豆的可能性。他发现这个方法不仅成功，而且生产效果更佳。如图所示，坎贝尔在仔细检查一批新收获的土豆。

▶

为了让飞机能够轻便运输，土豆块茎切片在被送往马耳他、塞浦路斯和巴勒斯坦之前，会在泥炭盘上风干两周。那里的人可种土豆来代替战争引起的补给中断，因此英国境内土豆作物暴涨。这项工作的重要性曾在 1943 年 11 月，即邱园的经济植物学家杰弗里·埃文斯爵士于英国农业部召开的新闻发布会期间被一再强调。他强调这个方案“特别适合殖民地的需求”，那儿的土豆产品“在战争时期遭受严重阻碍，靠船运送普通的土豆种苗总是延误时机，困难重重”。

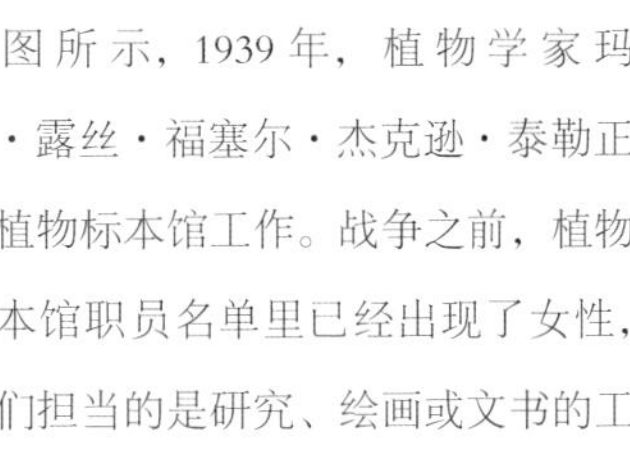

▶

如图所示，1939年，植物学家玛丽·露丝·福塞尔·杰克逊·泰勒正在植物标本馆工作。战争之前，植物标本馆职员名单里已经出现了女性，她们担当的是研究、绘画或文书的工作。虽然战后数年，女工数量有所下降，但仍保持一个稳定增长的态势，并且女工们为邱园做出了重要贡献。

◀

战争期间，女性为国家抗战胜利发挥了重要作用，她们填补了被召集参军的男性留下的空缺。邱园雇用女性替代男园艺师，然而，和许多地方有工作期限一样，由于要接纳从战场上返回的男人们，1946年女工数量便迅速减少了。

1939年，《邱园协会杂志》报道称："女性园艺师时隔大约四分之一世纪，再次来到邱园，尽管装扮已经明显改变，但木屐的流行款式依旧一样，某些保存良好的样本可以做证。如今，在邱园的大多数部门都能看见或听见这些木屐［声］"。1940年，有14名女性登记进入职工体系，1941年又有13名入职。大部分人预先受过园艺学的培训，其他人则通过本地辅助军团和女子陆军来到邱园。

◀

这张照片是1942年一些邱园女职工的合影。后排，从左往右依次是：杰西·F. 佩德格里夫特、维尔雷特·M. 克拉克、让·E. 夏普斯、弗朗西斯·A. 夏普斯、弗雷达·蒙迪。中排，从左往右依次是：奥利芙·霍德、米妮·梅希尔、凯瑟琳·D. 康福德、戴安娜·A. 哈钦森、内塔·索克罗斯、埃尔斯·M. 詹森、珍·M. 汤普森、艾琳·弗格森·凯利。前排，从左往右依次是：康斯坦斯·O. 贝尔、默特尔·V. 斯派克、布兰达·C. 瓦茨、艾琳·布鲁默、贝蒂·库珀、芭芭拉·M. 塔佛、E. 维多利亚·潘恩、玛丽·A. 坎宁、尤妮丝·B. 金。

▲

夏季的白天很长，一般从早晨 6 : 30 开始一天的工作。对新员工来说，工作是灵活多样的，例如修整灌木丛、翻耕蔬菜田等。弗雷达·蒙迪于 1941 年 7 月进入邱园工作，她说道："下午 3 点钟看游客坐在椅子上享受茶点时会很羡慕……10 点钟过后，邱园对外开放，我们就成了一个正规的咨询机构，不得不面对关于蔬菜培植的轰炸式提问。有时候我们能够帮助大家，比如在自愿承担的培养公众'蔬菜意识'的工作方面，我们也变成了专家。"

◀

在盆栽棚屋内，一天通常是从一位更晚来到邱园的职工被派去擦洗陶器花盆开始的，前一天陶盆就被高高地堆叠在混凝土架上。其他重要却枯燥的活计有压碎陶器和筛分破碎的瓦片，然后分层铺放于花盆底部来帮助排水等。一旦花盆种上植物，园丁便通过敲击花盆边缘来检查浇水是否充分。这引得好奇的游客频频发问，布伦达·瓦茨作为园艺师说道："有一天，一个游客问我们为什么要敲击花盆，我们回答：'如果花盆发出空洞的声音，说明它想喝水。'于是这个游客轻拍他朋友的肩膀，说道：'啊哈！跟我来——你需要一台沃辛顿（Worthington）牌水泵。'"

▶

盆栽棚屋内的工作大部分不会被来访邱园的游客看见，但这儿的工人在邱园里扮演着至关紧要的角色，因为他们给巨大的温室和公开展览提供了大批植物。如4号温室展出了一系列季节性花卉，所有盆栽都必须在其中一个棚屋内准备好。这是艰巨的任务，身为园艺师的维多利亚·潘恩讲道："我们帮忙供应4号棚，你都不知道那些东西的需求量有多大。即使温室的中央有许多老式的盆栽，但展台全年都得用盆栽植物填满……每一年都会提前制订一个大致明确的计划。倘若出现花卉短缺或者空档，那将是一场悲剧！"

▶

抵达邱园的女园丁们迅速融入劳动群体，还获得了以前不习惯和女性一同工作的男同事们的慷慨支持。其中一位表达了她对新工作的最初印象：“我12月份来的，园长很正式也非常愉快地欢迎我到来，我感觉相当温馨。我意识到我们会频繁出现在公众视野中，很快大批公众就出现了，尤其在周末……公众会咨询各种关于花卉和蔬菜种植的问题，并带来少量植物请求鉴定。我们发现大家真心对邱园感兴趣，也关心我们女性之间是如何相处的。他们有时会批评我们的配色方案和植物布局……同时，我们收获的赞赏更多。”

▲

1939年,《邱园协会杂志》报道了它的新成员,宣称"7个月,从她们第一次来开展工作至今……所有经过培训的女人……代替被征召去武装部队服役的男人和学生。她们受雇于繁殖区、园艺部门、花卉和岩石花园,及热带植物部门的某些岗位,在那儿她们尽情运用着各自的经验"。作者感谢新来的女园丁们跟她们所替代的男性一样熟练,还提及当时传统的大男子主义:"通过努力开创一项高标准的事业,[她们将]会永远反驳倒伏荆芥(*Nepeta mussinii*)是唯一一种女性杀不死的植物的言论!事实上,邱园的女园丁如今是邱园风景的一部分了"。

▲

到达邱园之前,布伦达·瓦茨在斯旺利园艺学院接受培训,还在加拿大渥太华的一个实验农场工作了6年。如图所示,她正采收蔷薇果,准备制作一种果汁,多亏了邱园在这方面开展研究,战争期间蔷薇果变成了贵重的维生素C资源。

现在,亚当是一名园丁,上帝赐他看见的能力,
在他的膝盖上,完成了一半园丁的职责;
然而,亚当去和敌人战斗了,只能休假时回家;
于是,跪下来种植、培育我们的粮食的适当人选便是——夏娃!

——凯思琳·康福德,昵称"吉特",邱园,1941—1943

▲
战时环境加重了邱园的工作量，包括关于提高作物产量的研究和教育示范点的开设，但是邱园仍然需要定期维护。政府的政策强调，公园和植物园应该继续举办有趣植物的展览，以满足民众休闲娱乐的需求，毕竟它们也算是一个能逃避现实的地方，游客去那儿可以见识到稀罕的、异域的和美丽的植物，例如兰花和凤梨类。然而，由于人事关系出现这样突然和彻底的改变，“相关部门”便有些担心：女园丁虽然具备能力和热情，但缺乏足够的经验照顾如此丰富多彩的植物藏品，而兰花被认为是最脆弱的植物。

▲
战争使得邱园给予女性的机会更多了，但她们晋级升职的道路仍充满困难。直至1944年，虽然女性在邱园全体员工中占据大多数，她们却不容易晋升，仅有一位女领班助理维多利亚·潘恩身处园艺部门，第二年，她成为同一部门的代部长助理，这是女园丁曾经能得到的最高的职位了，可惜这个趋势没有持续下去。战争结束时，女园丁的数量就下跌了，甚至于到1952年时出现了一位女性都没有的情况。埃文·潘恩于1948年离开，转去帕特尼求得一职，教授园艺学。1954年，女性重返邱园的职工体系，许多年后，她们的人数才与战争时期齐平。

◀

1941 年的《邱园协会杂志》记载，贝蒂·库珀，一位先前受雇于日内瓦一家苗圃的园艺师，会见了其他一些女性园艺师并分享经验。她发现“尽管一些年轻点的晚辈可能稍微有些惧怕，但所有人看起来都已经坦然地接受分配给自己的工作了”，而且“在园艺方面取得了成功，比如从岩石花园打碎石头到给兰花授粉的精巧技术——这又一次证明了女性的适应能力”。

▶

女人们把她们由围裙和木屐组成的制服视为她们的“战斗装”：木屐有木制的鞋底加皮革制成的鞋帮，在潮湿的温室地板上被认为比橡胶鞋底更能提供保护。其中一位园丁珍·汤普森告诉同事贝蒂·库珀说：“我印象最深的是，我穿着木屐站在岩石堆上很难保持平衡。”

▶

如图所示，女人们正在工作之余享受片刻的放松，但这一顿茶歇是明妮·希尔向园长亚瑟·希尔爵士提出个人请求后才给安排的，主任还只批准了每天下午 10 分钟的时间。

从左往右依次是：埃尔斯·詹森、玛格丽特·兰开斯特、贝蒂·库珀、不明身份、让·夏普斯和弗朗西斯·夏普斯。

▶

战争结束时，人们以为女性会回到家中，担任大家以前所期望的角色。有些人，特别是从事枯燥或重复性工作的人都渴望回归被战争剥夺了的正常生活，但许多人却抱憾离开她们的岗位，因为她们已经享受到了就业带来的自我激励、互助友爱和独立自主。即使许多女园丁离开了邱园，但有些人还继续做着其他园艺活计。例如，海伦·司腾特加入了爱丁堡的皇家植物园。露丝·马伯罗斯在帝国植物育种和遗传局下与土豆收集相关的部门担任职务，其他人则受雇于私人花园。

◀

对于许多女性来说，战争年代受雇于邱园的经历是她们第一次体验到有偿工作；同样地，许多游客是第一次看见女性在这样的公共场所工作。一位在岩石区干活的园丁珍·汤普森说道，她会听见有人喊："瞧瞧那些女园丁！——噢我明白了，如今会聘用女性——嘿，你喜欢你的工作吗？"游客们不等女人们回答，就自告奋勇地给出自己的答案："我们喜欢。"

▲

A. K. 杰克逊 1930 年作为技术助理入职植物标本馆，1939 年至 1945 年之间，他在英国皇家空军服役。

▲

约翰·威尔弗雷德·萨奇生于 1923 年 11 月 8 日，在 T 型温室、棕榈温室和树木园当园丁。18 岁时，他离开邱园去参军，加入了北安普敦郡第一义勇骑兵队当一名坦克驾驶员。1944 年夏天，他在诺曼底服役，最终在法莱斯包围战中阵亡。《邱园协会杂志》称他“学识渊博、认真负责”，并展现出“相当大的潜力”。

▲

尽管邱园遭受的空袭不像伦敦东区那样惨重，但这个地方仍饱受战争之苦。邱园的建筑仅遭到不太严重的破坏，但周围的街道被破坏得很厉害。如图所示，邱园路，就在园区外面，共有 19 个平民在当地社区闪电战期间失去生命，还有更多人失去了他们的家园和财产。

◀
1917 年，《邱园协会杂志》报道，有 150 名员工在军队服役，其中 35 人在战争结束时已经丧生。他们的名字、军衔和兵团都被铭刻在一块安放于阿瑞图萨神庙的青铜纪念牌匾上，它相当于邱园的抗战纪念碑。纪念碑位于维多利亚大门和 1 号博物馆之间，它本身可通达邱园的部分区域。这里为烈士亲属提供了庇护和休息的场所，同时也可作为歇脚处。另有一块牌匾则用于纪念在第二次世界大战中阵亡的将士，1951 年停战日那天揭幕，当天人们还往纪念碑上临时增添了 14 个名字。

战后的邱园

第二次世界大战后，邱园经历了动荡和变迁。然而，即使在经济紧缩的艰苦时期，邱园还是增添了一些新建筑，并修建、维护和改造了部分场所，而且领导了具有国际意义的重大项目。停战后不久有一段时间财政严重紧缩，在爱德华·索尔兹伯里爵士的领导（1943—1956 年）下，邱园里的植物开始更新换代——包括一些有历史意义的树木——收藏品也开始从园外的仓库回归园内。1943 年亚瑟·希尔爵士突然去世后，索尔兹伯里接替了园长一职。他上任后第一件事就是在冰屋附近打造一片富含石灰的栖息地，以便扩充邱园中收藏的英国本土植物。索尔兹伯里非常喜欢英国植物，他还参观了战争轰炸现场，并记录下了在那儿发现的花。

1949 年，索尔兹伯里踏上通往新西兰和澳大利亚的旅途，随后澳大利亚政府慷慨地赠给邱园一座新温室。这是个预制装配式结构（prefabricated structure），搭建于 1952 年，作用是给邱园收藏新西兰和澳大利亚的植物提供急需的居所。然而，尽管人们对邱园的扩建表示欢迎，可修复战争中受损毁的建筑才是紧要的。虽然这里的受损情况相对较轻，但有些建筑仍需要被特别关注。由于要优先处理一些更紧迫的事，破坏最严重的睡莲温室直到 1965 年才完全恢复。棕榈温室多年来保养不善，最终被认定为危楼，于 1952 年对公众关闭。起初，开发商主张拆除和替换，并提出一些讨论方案，但谢天谢地，最后批准的是修复翻新的措施。1957 年，温室重新开放，比邱园的 200 周年庆典早了两年。

第二次世界大战之后，邱园与世界各地的花园和植物园重新建立了紧密的联系，并收集、派送和发放具有经济价值的物种，但这一回是诚心合作，不再以“帝国主人”自居了。邱园的经济植物学家杰弗里·埃文斯便参加了一项计划，旨在将高产的食用植物从秘鲁引去东非。1951 年，得益于殖民地的发展和财政福利的支持，园内新盖了一间检疫所。邱园的科学家们还着手研究东非的植物区系，这将是一项浩大的工程。

邱园继续收集和记载地球上的植物，这很快超过了其配套设施的负荷。1956 年，索尔兹伯里退休后，大英博物馆的前植物部门管理员乔治·泰勒爵士接替了他的职位。正是在他的管理下，邱园收获了一座新的、基于苏塞克斯林地内维克赫斯特（Wakehurst）场所建立的树木园。此外，科学实验室得到扩建，并在 1965 年开放的新贾德瑞尔楼中设立了园艺培训教室，同时植物标本馆新建了一间耳房来收纳不断增加的藏品。新耳房于 1969 年开放，是邱园历史上第一次将图书、艺术品和档案统一存放的一个地方。

1971 年至 1976 年间，约翰·赫斯洛普－哈里森评估了邱园未来的价值，并致力于推动交叉学科的研究方式，还提议为全球的种子建立一个贮藏库。这想法最终发展成千年种子银行（Millennium Seed Bank），1971年，罗杰·史密斯被任命为种子保存工程的负责人。通过这些项目，邱园维持并加强了自己的地位，在植物科学和园艺方面处于领军态势。它的两个植物园依旧为来自世界各地的植物提供避风港。正是在这样的背景之下，邱园作为一个多元化平台，已经有能力转变和培养公众对大自然的认识了。

▶

在20世纪五六十年代，邱园开展的大部分工作主要是向世界各地的植物园和研究站传播植物学知识和相关材料，其中特别重要的是具有经济价值的植物。这张照片摄于1951年，前景是香蕉，后面是可可，它们一般在检疫所里繁殖，这是确保它们离开邱园之前没有染上疾病的必要措施。

当澳洲温室竣工的时候，它比温带植物温室和棕榈温室之外的其他温室都要大。这是一座预制装配式建筑，很可能是世界上该类型的第一座。它采用铝合金构架，多年来不需要更换配件或重新粉刷。此建筑的屋顶倾斜成一定角度，以便冬日的暖阳尽可能多地照耀喜爱阳光的植物们。来自澳大利亚西南部干旱气候带的植物从温带植物温室移居进澳洲温室，新温室于1952年向公众开放。尽管外观有所改变，这座温室至今依然存在。1995年，该建筑被改造成“植物进化馆”（Evolution House）对外开放。

▶

第二次世界大战之后，邱园开始与世界各地的植物园和科学机构发展更多的合作关系。海外的园艺师可到邱园获得培训，而不再去在邱园前成员帮助下建立的殖民地植物园。如图所示，尼日利亚农业部的J.A.奥比正在邱园的一个温室里干活，他修剪着一株花烛属植物的花序，以刺激叶片生长。

▲

此图展示的是1953年在牛津大学举办的非洲热带植物分类研究协会（AETFAT）会议的参加者合影。AETFAT成立于1951年，是各个国家所有致力于非洲植物研究的植物学者交流并发表研究成果的论坛。会议每三年举行一次，每次在不同的国家召开。第一次会议是1982年在非洲召开的。这张照片来自奈杰尔·F.赫珀的收藏品，作为邱园植物标本馆的一名青年植物学者，奈杰尔参加了1953年的会议。

◀

《热带东非植物志》（FTEA）是1948年启动的一个为东非地区所有野生植物编研植物志（指南）的项目。1952年出版了第一卷，直至2012年，最终的第263卷才付梓完成。东非具有特别丰富的生物多样性，在其176.6万平方千米的区域内，就生活着12 104种植物，包括了全球植物的3%~4%。为了完成出版任务，几十年来，学者们做了大量野外工作进行标本采集，其中有许多是科学新发现。虽然植物志由邱园出版，但它是一个国际合作项目，有来自21个国家的135位作者参与。如图所示，植物学家正在整理1958年植物标本馆接收到的东非标本。

▶

时至20世纪50年代初，植物标本馆的空间迅速缩小耗尽。阿什比（Ashby）访问团的一份报告指出了这个问题，并高度关注了邱园和自然博物馆收藏品的副本情况。这两家机构均同意，双方应当集中注意特殊的地理区域和植物科属，并制定明确的采集措施。因此，1959年，英国财政部成立了一个由威尔弗雷德·莫顿（Wilfred Morton）担任主席的委员会，该委员会负责审查采集任务的分配工作。协议达成后，随之而来的“莫顿报告”建议邱园负责非洲的南部、中部和东部、马达加斯加、南美洲、澳大利亚、印度及东南亚，而自然博物馆管理来自极地地区、欧洲、非洲西北部、美洲北部和中部、西印度群岛的采集材料。另外，裸子植物（仅生产种子的植物）和真菌将被转移到邱园，自然博物馆则管理苔藓植物（非维管有胚植物）、藻类和地衣。如图所示，植物标本馆副管理员艾尔希·韦克菲尔德（右）和标本馆管理员亚瑟·柯顿（左）正在查看被送来寻求鉴定的真菌。

◀

20 世纪是机械化程度越来越高的时代。1928 年，邱园购买了第一台拖拉机来代替一匹去世的马。1950 年，邱园里最后两匹干活的栗色母马被买走了，到了 1961 年，这两匹马也去世了，邱园的骑马时代终于落幕。

▶

哈利·拉克是邱园的包装工，后来当过仓库管理员，从 1912 年开始工作至 1959 年退休，同事们都管他叫作“拉克”。如图所示，20 世纪 50 年代初，他在打包一个沃德式玻璃箱。100 年来，沃德箱在世界各地的植物运输方面起到了至关重要的作用，也为植物学这门学科的进步做出了不小的贡献。可惜它是一种日益昂贵的运输工具，迈入 20 世纪后，它就仅限于那些无法借助其他方式运输的植物使用了。20 世纪 60 年代，人们终于遗弃了它，因为航空货运变得更加便宜和快捷。

GARDENS DEPT.
HONG KONG
O. H. M. S.
DIRECTOR
ROYAL BOTANIC GARDENS
KEW SURREY
ENGLAND
PLANTS
CD
No. 3
ON UPPER DECK
UNDER AWNING

◀
棕榈温室落成之后 100 年内逐渐失修。温室里温暖潮湿的环境对构架产生了不利的影响，铁制品被腐蚀后膨胀又收缩。结果，大块窗玻璃脱落后掉到地上，有时只好采用临时解决方案，如图所示。1929 年进行了大规模翻新，但是还不够；1951 年，一名工程师的报告建议，应该拆除和重建棕榈温室，这也符合第二次世界大战后的社会思潮——除旧迎新。于是 1952 年 11 月，邱园决定对外关闭棕榈温室。

▶
人们提交了许多关于棕榈温室的想法，其中一个建议是，整座建筑应该用一个保护性外壳包裹起来。英国建筑工程部的 E. 贝德福德提出这一设计，并建议重新利用在 1953 年伊丽莎白二世女王的加冕礼期间沿林荫大道分布的拱形物。该建议遭到了建筑学期刊的强烈反对。最终，邱园决定保存棕榈温室和至今仍被视为最具辨识度、特色和象征意义的建筑。

◀◀

随着建筑工程向前推进，脚手架把大圆屋顶围了起来。一些铁拱已遭受严重腐蚀，偶尔会在主肋骨的基部附近发现严重的腐朽，这是一个应作为紧急事件立刻解决的问题。在修缮期间，锅炉从燃煤转变成燃油，并搬迁至钟楼附近的地方。地下管道接受了现代化改造，便于将热水输送到新的供暖系统。

◀

棕榈温室在开始运营前关闭了 3 年，其间完成了玻璃嵌装环节。当时现成的玻璃大小不一，人们觉得应该利用一些原始的绿色窗格玻璃。所有玻璃都被移除，铁支架被拆卸后也得到修复。相关研究建议，应把所有玻璃换成定做的与原本尺寸相对应的曲面玻璃，这种样式被证实会增加四分之一的光照面积。

▶

这是棕榈温室修缮期间的景象，中央区的玻璃已被移除，庞大的铁骨架显露出来。修复任务是一次完成一组厢房，同时重新归置植物藏品，以配合正在进行的工作。

▲

去除原来的油漆后，就往棕榈温室的肋骨上涂防腐底漆，接着增刷一层乳白色的含铅漆料。

▲

棕榈温室的领班乔治·安德森负责监督植物的保存情况。这是一项繁重的工作，需要相当丰富的专业知识。温室收集的植物有 1 050 种，归于 63 个属，这些藏品的规模和价值都毋庸置疑。在整个修缮过程中，这些植物一直待在棕榈温室的一部分临时空间，远离正在施工的地方。当清理中央区耳房的时候，只有最大的棕榈植物留守原地，它们被盆装安置并“弯下躯干”，以便上方的修复作业继续进行。最大的盆有 1.8 平方米，是为宝冠木（Brownea x crawfordi）—— 一个从 1888 年起收藏的杂交品种量身打造的。1957 年，温室的改造终于竣工，植物们开始回归之前的居所。

▲

修葺后的棕榈温室由女王在 1959 年 6 月 2 日重新开放。除脚手架之外，整个工程差不多花费了 10 万英镑。这在当时似乎是一笔巨额款项，但如果拆除和构造一座新建筑的话，成本几乎是该金额的 3 倍，那样邱园也将失去一座十分重要的标志性建筑。

◄

1959 年，邱园要举办 200 周年纪念活动，作为庆祝活动的一部分，女王与菲利普亲王于当年 6 月 2 日访问了邱园。他们游览园区，小径两旁站满了职工和受邀团体。女王夫妇在邱宫前方的草地种下两棵纪念树，还去橘园喝了下午茶。茶歇过后，王室宾客接见了职工，《邱园协会杂志》写道，他们“从职员到机构通常承担的工作与责任中得到了很多乐趣”。萨利·伊丽莎白·布朗，一个园长助理 8 岁的女儿向女王敬献了一束在邱园生长的异国鲜花。

►

王室访问期间，菲利普亲王批评了位于邱宫后方和园区围墙之间的杂乱景象，该区域多年来一直处于半荒废状态。此后邱园便决定设计一座与邱宫同时代的花园，包括一个由黄杨树篱围成的花坛、一个观赏池塘里的喷泉和一座土丘，还有适合家庭种植的 17 世纪草木。同时，翻新了邱宫的拱廊和台阶，并采用 18 世纪保罗·桑德雷的一幅水彩画作为参考。1969 年，女王宣布这座花园对公众开放，“女王花园”从此声名鹊起。

►►

1956 年，棕榈温室外放置了 10 件名为“女王的野兽”的波特兰石雕复制品。它们的真身是石膏雕像，出自雕刻家詹姆斯·伍德福德之手，曾在伊丽莎白二世女王的加冕礼期间屹立于威斯敏斯特大教堂的外面，每一尊雕像都展现着新女王前任们的盾徽。

◄ ▼◄

几个世纪以来，园艺培训已经成为邱园的职能之一。19 世纪时，20~25 岁之间、有一定实践经验的学徒会来邱园学习 2 年，白天在园区干活，晚上上课，住在瓜果小院的铁房内，那是一个寒冷且不太舒适的场所。培训期结束时，他们将获得一份书面证明，后来被改成邱园文凭。

1963 年，在学业部主管里欧・彭伯顿的督察下，一套为期 3 年的邱园文凭课程启动了。这套课程使邱园的园艺学教育正规化，每年为 20 名学生提供受国际认可的资格证书。白天邱园在 1965 年才开放使用的功能型的贾德瑞尔大讲堂举行讲座，如图所示，教室里会教授各种各样的专题知识。学习科目包括植物学、细胞生物学、生态学、景观设计、丈量学、管理学、树木栽培、园艺学，并于每年年底举行考试。实践经验和专题作业也是课程的重要组成部分，学生第一年就必须耕种一块菜地。

►

贾德瑞尔大讲堂是以 19 世纪慈善家贾德瑞尔・菲利普－贾德瑞尔之名命名的，过去 90 年里，这位慈善家资助了贾德瑞尔楼的初期建造。如图所示，大讲堂主要在各种会议期间使用或被职工和学生使用。

▲ ◄

学生们有各自的菜田，还得负责扎稻草人，并需要经常到慈善义卖商店为它抢购合适的衣服。

这一系列照片来自一位名不见经传的学生的相册。这些照片记录了一些社会事件，它们共同构成学生们年度日程的一部分。

◀

1963 年的“木屐和围裙”比赛：一年级学生穿着传统的园艺师服装——木屐和围裙，沿着邱园里的步行道赛跑。这项赛事一直延续到今天，民众对学生们在路上狂奔时木屐发出的雷鸣般的噪声议论纷纷。

◀

J. 埃尔斯利在 1965 年的邱园－威斯利接力赛中获胜。这是一场从邱园到威斯利花园，长约 32 千米的公路跑步比赛，参赛团体均来自园艺培训机构。1951 年首次举办，至今仍有比赛。1965 年的那场于 3 月 6 日举行，尽管几天前的降雪量高达 7.5~10 厘米，邱园团队还是创造了一项新纪录，以 92 分 51 秒的成绩完成整个赛程。

◀　◀▼

与田径运动和其他竞技体育一样，邱园和威斯利花园的学生们也参加了由邱园共同进步协会举办的一年一度的辩论赛。该协会成立于1871年，为园艺学徒提供园艺学讲座，至今仍然存在，讲座如今面向所有人开放。图片所示为1965年邱园－威斯利园际辩论赛之前和之后的情景。

▼

1965年的圣诞节，里士满溜冰场的阿罗萨厅举行了卡巴莱歌舞晚会。出席的人很多，大家都尽情享受着这个夜晚。其间开展了一场最佳歌舞表演比赛，一等奖是一瓶雪利酒，学生因生动扮演了5位美丽的歌唱女王而获奖。《邱园协会杂志》指出：“同样值得怀念的还有高山草本部——那支既唱歌又弹吉他的‘高山乐队’”。

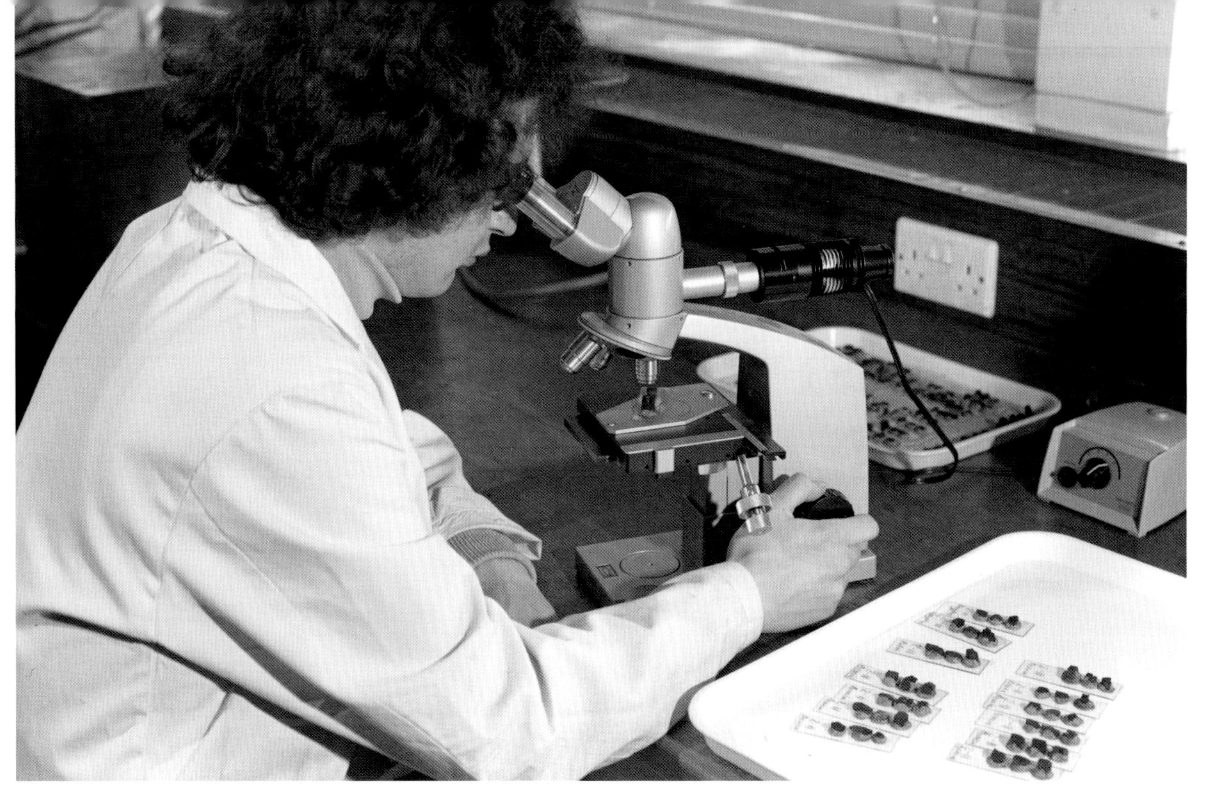

◀

取得邱园文凭的学生中有许多开创了辉煌的职业生涯，其中一些人从事媒体行业。比较知名的毕业生之一是阿兰·蒂奇马什，他从 1969 年至 1972 年在这里学习。如图所示，他正接受 1971 年颁发给他的梅特卡夫奖杯。此奖由查尔斯·梅特卡夫捐资设立，主要颁给学习成绩最好的二年级学生。

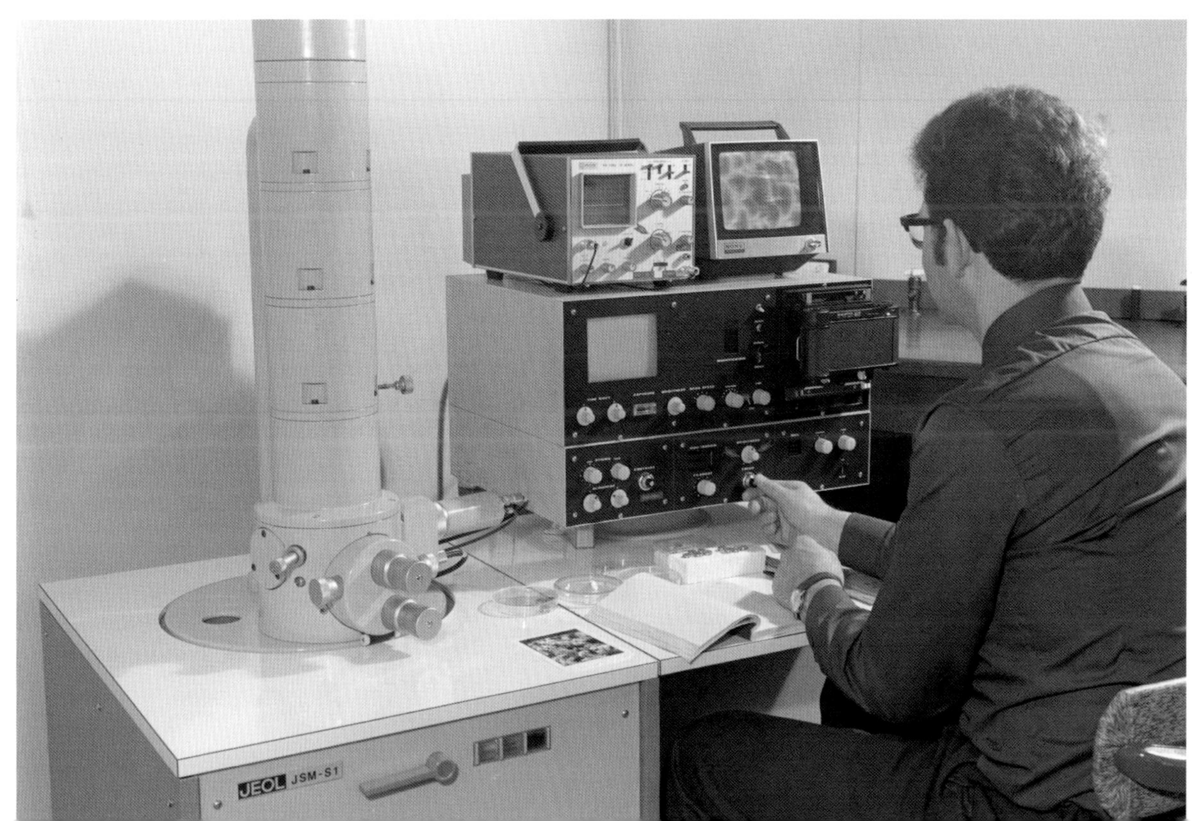

▶

20 世纪 60 年代来临时，贾德瑞尔实验室已经明显不适合正在进行研究的科学级别，也没法容纳越来越多的工作人员。1963 年，旧建筑被拆除，取而代之的是一栋两层楼的实验室，配以植物生理学、解剖学、细胞学和生物化学研究用的器材，还包括一个大教室。新楼于 1965 年正式启用，并安装了当时最先进的设备。贾德瑞尔楼的管理者梅特卡夫评价这栋新建筑："我们改善了设备，这使我们的活动内容能够得到扩展并且更多元化，如今我们又有专家……大家肩并肩工作，必要时互相帮助。"

◀ ▶

邱园的藏品愈加丰富，显然也需要更多的空间，因此1965年，邱园租赁了西苏塞克斯郡的维克赫斯特场所，额外获得了188公顷的土地。维克赫斯特场所的业主是亨利·普利斯爵士，他1963年逝世之前已将遗产赠给了“国家信托”。普利斯及其前任杰拉尔德·洛德（Gerald Loder）都是热忱的园艺师，他们营建了庄园里的花园，并主要用温带林地美化自然景观，还往林地引栽了从他们赞助的植物采集探险活动中收获的植物种类。凉爽、潮湿的气候和更宽泛的土壤条件，使邱园能够扩充它的植物藏品，同时也加重了庄园前业主的工作。如图所示，大宅是庄园内的主要房屋，由爱德华·卡尔佩珀爵士建于1590年，他是著名的本草医生尼古拉斯的远房亲戚。

▶

自 1863 年起，橘园一直充当邱园的木材博物馆，但 1957 年 5 月，新任园长乔治·泰勒决定关闭这座建筑，并借此机会恢复它的初始面貌和功能。接下来在超过两年的时间里，画廊和楼梯被拆除，收集的木材被移走和重新安置，内部环境才得以修复。橘园接纳了盆栽的柑橘树和因太大而无处容身的植物，例如图中所示的龙舌兰。1959 年，橘园重新开放。

◀
龙舌兰在橘园里旺盛生长，达到近乎8米的高度，以至于它的顶生穗状花序不得不被切除，以免损坏天花板。然而，如《邱园协会杂志》所言，柑橘类却不能茁壮成长，还有干腐病严重影响了建筑物。橘园显得“力不从心”了，10年内急需进一步维修，因此包括龙舌兰在内的植物又被移走了。但这样一座漂亮的历史建筑不可能长久闲置，人们讨论可以将它作为艺术画廊、展览空间，甚至餐厅。1972年5月，经过大规模翻新后，橘园作为一个游客中心重新开放，其中包含一个展示邱园不同部门工作的功能定位区、一块临时展览区、一间书店和一间画廊。20世纪90年代，这座建筑被再次修葺，并改变了用途。2002年，它重新开放时变成了一家餐厅。

◀

1971 年，两位专门研究单子叶植物的植物学家吉尔·考利和西蒙·梅奥正在植物标本馆的 C 耳房，借助有插画的书和干燥的采集植物来鉴定一份澳洲蒲葵（*Livistona australis*）标本；单子叶植物是被子植物的两大类群之一，主要包括兰花和棕榈类。标本收藏一般通过英国和国际渠道的交换或捐赠系统进行。反过来，邱园可向访问学者和海外机构出借其收藏的标本，特殊情况下，它还能捐献自己拥有的资源。每一份标本都必须定名，身为馆长的植物学家会研究标本，以准确判定每份标本在保藏库中的可能位置。有时学者会发现一个新物种，这将为相关学科提供重要的研究材料。

▲

干燥的植物材料对许多动物，尤其昆虫来说是一道美味，所以把植物标本馆的虫害情况控制到最低限度非常重要。在 20 世纪 80 年代末期之前，人们会通过不同方式使用一系列农药。这张照片描绘了 20 世纪 70 年代的熏蒸过程，可能用了甲基溴，一种产生无色无味气体的有机溴化合物。可惜，该气体有毒，如果处理不当，就可能导致呼吸和神经系统方面的疾病。今天，所有进入保藏库的标本都要接受 −30℃、至少持续 72 小时的低温冰冻，才能控制虫害。

▲

20 世纪 60 年代，邱园的植物标本馆不断扩大，估计当时有 450 万份标本，并且每年以 5 万 ~ 6 万份的速度增加。这座建筑平均每 30 年就得扩建一次。第一个扩建部分，如今叫作 C 耳房，是在 1877 年完工的，B 耳房和 A 耳房分别于 1902 年和 1932 年落成。然而，标本馆的容量又一次逼近饱和，需要兴建一个新场所了。1969 年，D 耳房开放，为真菌和蕨类标本、果实和酒精制藏品提供了一个新家。它还第一次为邱园的图书、画作和档案设置专门的功能型仓库，其内部当时存放着 10 万本书、25 万份手稿和信件，以及 16 万幅植物画作。看守这些丰富多彩的藏品的人是雷·德斯蒙德，他那时是图书馆馆长和档案保管员。这张照片拍摄于图书馆开放后不久。

▲

1969 年 5 月 14 日，扩建的 D 耳房正式开放，女王陛下在植物标本馆馆长乔治·泰勒爵士（中）和标本馆副馆长兼图书馆管理员帕特·布雷南的陪同下参观标本馆。

▲

早在西塞尔顿－戴尔当园长（1885—1905 年）的时候，关于低温贮藏种子的研究就已经开展了。20 世纪 60 年代，人们在贾德瑞尔实验室对种子进行生理学研究，并建立了一间种子库，用于冷冻条件下保存种子，这也促进了邱园与其他科学组织之间的交换活动。1974 年，生理学部门和种子库被搬到维克赫斯特，冷库被安置在大厦前的小教堂里 (左上图)。这就是后来成为“全球千年种子银行”合作伙伴的开端。“全球千年种子银行”是世界上最大的迁地植物保护项目，旨在收集和保存世界上不同植物的种子。冷库现在被安置在一个专门建造的建筑中，由实验室、种子准备区、公共展览空间和大型地下储藏室组成，种子被储存在 -20℃的环境中。

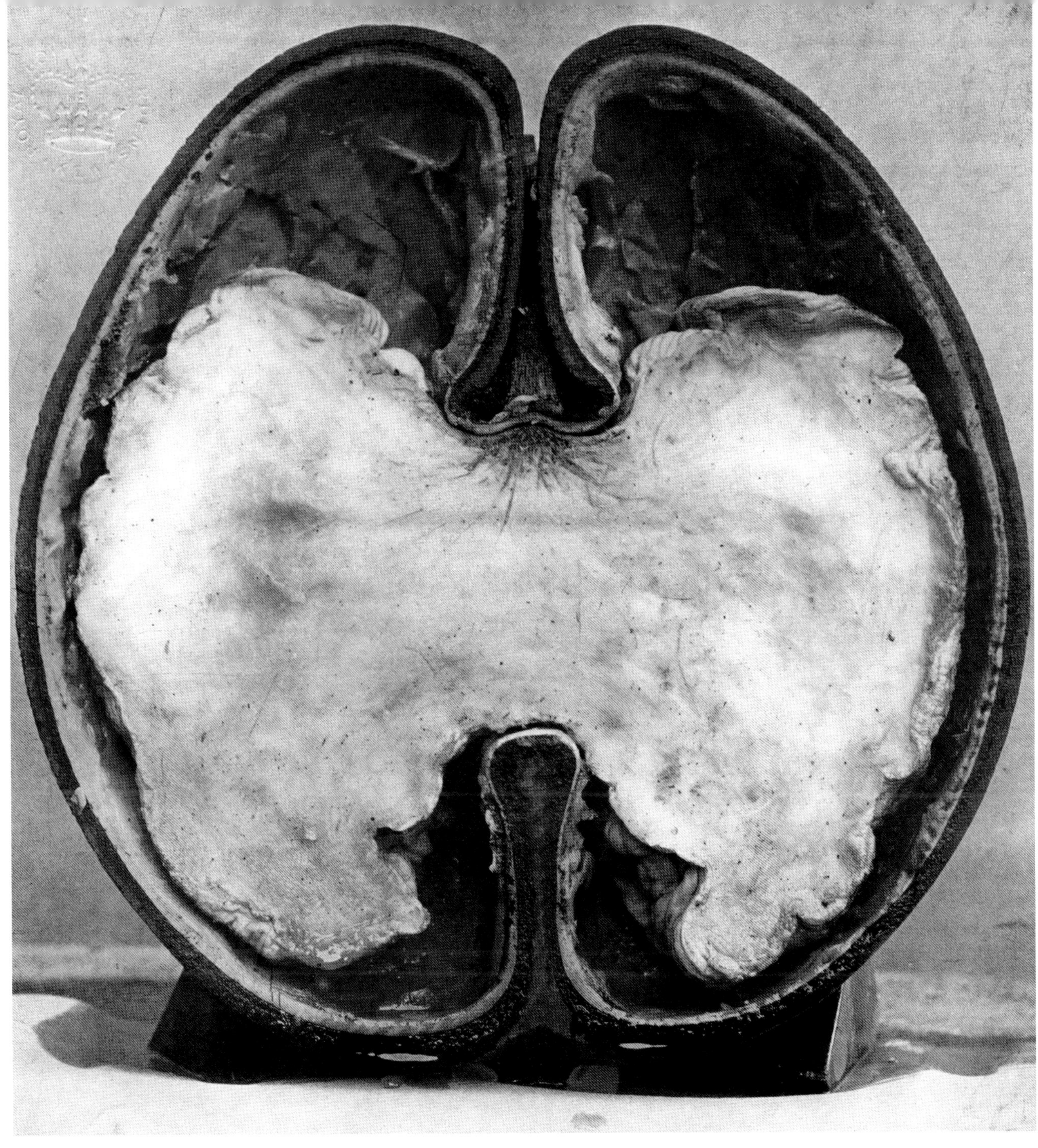

◀

巨子棕（*Lodoicea maldivica*）的种子，又叫海椰子、复椰子，是世界上最大的种子，重可达 30 千克，植株要长 25~50 年才成熟，身材壮硕，高可达 30 米。18 世纪，人们在塞舌尔群岛发现了巨子棕，继而赋予它神奇的“特性”。查尔斯·戈多将军甚至向约瑟夫·胡克报告，这些种子是来自伊甸园的禁果，部分原因是种子具有寓意深长的形状。记录显示，巨子棕第一次到达邱园是 1852 年，当时毛里求斯植物园送了一株给棕榈温室。然而，众所周知，这种种子很难发芽，而一旦长起来，树苗又异常地脆弱。

▲ ►

很大程度上，巨子棕的商业价值在于它诱人的、与众不同的种子形状，以及作为传统药物的用途。因为巨子棕种群遭受的过度开发，自然再生几乎停止。世界各地的植物园都在努力繁殖这种植物，20 世纪六七十年代，经过几次尝试，邱园的巨子棕种子终于发芽了。遗憾的是，发芽的苗株没有活很久，长出最初的几片叶子后，它们就不再长大。20 世纪 70 年代发芽的植株（上图）被移栽之后就死了。直至 20 世纪 90 年代，在邱园借助土壤保温垫将生根区加热至 25°C 后，巨子棕才成功地由种子培育出来。

▲ ▶

直至 20 世纪 40 年代早期，人们还都以为水杉（*Metasequoia glyptostroboides*）已经绝灭了，只能通过化石记录认识它。戏剧性的是，大概在 1943 年，王战教授从中国湖北省西部采集到一份标本，起初该标本被鉴定为水松属。后来 1945 年，南京国立中央大学的植物学家意识到这是一种从未被真正认识的植物，经过进一步研究，中国学者宣布发现了“活化石”水杉。它是水杉属唯一的成员，也是一种落叶的杉科植物，这使它成为极少数能落叶的针叶树种之一。1948 年，西方国家引进了这种树，并在邱园首次栽培。从那时起，水杉得以大量繁殖；通过扦插，它在温暖的气候带快速生长，一些植株的高度已经达到 40 米。今天，邱园于 1949 年栽培的这棵水杉已长至 16 米高了。

参考资料

参考文献

Barron, W., *The British Winter Garden*. Bradbury and Evans, London 1852

Blunt, Wilfrid, In for a Penny: A *Prospect of Kew Gardens, their Flora, Fauna and Falballas*. Hamish Hamilton, London 1978

Briggs, Roy, *'Chinese' Wilson: A Life of Ernest H. Wilson 1876-1930*. HMSO, London 1993

Curtis's Botanical Magazine, Volume 80, tab 4773, 1854

Curtis's Botanical Magazine, Volume 117, tab 7153, 1891

Desmond, Ray, *The History of the Royal Botanic Gardens, Kew*, 2nd edition. Royal Botanic Gardens, Kew, London 2007

Desmond, Ray, *Sir Joseph Dalton Hooker: Traveller and Plant Collector*. Antique Collectors' Club, Woodbridge, Suffolk 1999

Desmond, Ray & Hepper, F. Nigel, A century of Kew Plantsmen: *A celebration of the Kew Guild*. Royal Botanic Gardens, Kew. Kew Guild, Kew 1993

Drayton, Richard, *Nature's Government: Science, Imperial Britain and the Improvement of the World*. Yale University Press, New Haven & London 2000

Endersby, Jim, *Imperial Nature: Joseph Hooker and the practices of Victorian science*, University of Chicago Press, Chicago 2008

Hutchinson's Genera of Flowering Plants. (1965, May) *Taxon*, 14 (5): 166-8

Fry, Carolyn, *The Plant Hunters: The adventures of the world's greatest botanical explorers*. Andre Deutsch, London, in Association with the Royal Botanic Gardens, Kew, 2012

Griffiths, John, *Tea: The drink that changed the world*. Andre Deutsch, London 2007

Halliwell, Brian, (1982), A History of the Kew Rock Gardens, *Royal Botanic Gardens Newsletter*, 167: 4-6

Jinshuang Ma, (2003), The Chronology of the 'Living Fossil' *Metasequoia glyptostroboides* (Taxodiaceae): A Review (1943-2003), Harvard Papers in Botany, 8 (1): 9

Hepper, F. Nigel, *Royal Botanic Gardens, Kew: Gardens for Science and Pleasure*. H.M.S.O., London 1982

Indian Tea Gazette Editor, *The Tea Cyclopaedia:* Articles on tea, tea science, blights, soils and manures.. etc with tea statistics. W.B. Whittingham & Co, London 1882

The Kew Guild, *The Journal of the Kew Guild:* Royal Botanic Gardens, Kew

Kingdon-Ward, Francis, *Return to the Irrawaddy*. A. Melrose, London 1956

Kingdon-Ward, Jean, *My Hill So Strong*, Cape, London 1952

Lewis, Gwilym, *Postcards from Kew*. Royal Botanic Gardens, Kew, H.M.S.O., London 1989

Lewis, Jan, *Walter Hood Fitch, A celebration*. HMSO, London 1992

Lyte, Charles, *Frank Kingdon-Ward: Last of the great plant hunters*. John Murray, London 1989

McCracken, Donal, *Gardens of Empire: Botanical institutions of the Victorian British Empire*. Leicester University Press, London 1997

Major, Graham, *Custodians of Kew*. Royal Botanic Gardens, Kew, London 1998

Minter, Sue, *The Greatest Glass House: the rainforests recreated*. H.M.S.O., London 1990

Moon, Debra, *History of the Hooker Oak*. City of Chico, Chico, California 2005

Soviet Scientific Work on Potatoes. (1942, 17th October), Nature, 150: 456-7

North, Marianne, *Recollections of a Happy Life: Being the autobiography of Marianne North*. Macmillan, London 1892

Pearson, M. B., *Richard Spruce: Naturalist and explorer*. Hudson History, Settle 2004

Ridley, Henry, *Spices*. Macmillan, London 1912

Royal Botanic Gardens, Kew, *Jodrell Laboratory Centenary 1876-1976*. Unpublished pamphlet, printed 1976

Royal Botanic Gardens, Kew, *Kew Bulletin*, 1892 & various volumes

Royal Botanic Gardens, Kew, *Official Guide to the Museums of Economic Botany, No 1*. Her Majesty's Stationery Office, London 1907

Royal Botanic Gardens, Kew, *Report on the Progress and Condition of the Royal Gardens at Kew, during the year 1877*, Her Majesty's Stationery Office, London 1878

Sethuraj, M, *Natural Rubber: Biology, Cultivation and Technology*. Elsevier, Amsterdam 1992

Smith, F. Porter, *Chinese Materia Medica: Vegetable kingdom*. Printed at the American Presbyterian mission press, Shanghai 1871

Seward, M. & Fitzgerald, Sylvia (eds), *Richard Spruce 1817-1893: Botanist and Explorer*. Royal Botanic Gardens, Kew, London 1996

Tennent, Alan, *British Merchant Ships sunk by U-Boats in World War One*. Starling

Press, Newport, Gwent 1990

Thiselton-Dyer, William, *Botanical Enterprise of the Empire*. Printed by Eyre and Spottiswoode for Her Majesty's Stationery Office, London 1880

Wickens, Gerald (1993). Two centuries of Economic Botanists at Kew Part 1. *Curtis's Botanical Magazine*, 10 (2): 84-93.

档案资源

A number of sources from the Archive Collections of the Royal Botanic Gardens, Kew were consulted, including the following:

Miscellaneous Reports: MR/149 India. Economic Products. Tea c. 1875- 1903; MR/449

Gambia Botanic Station 1880 – 1898; MR/560 Lodoicea Sechellarum 1827 - 1902

Directors' Correspondence Volume 199, United States Letters (South & West), 1865-1900, folio 318: Letter from Muir to Hooker addressed and dated Martinez Contra Costa Co.

California, Feb 20th 1882; Folios 322-323 Letters from Eadweard Muybridge to Hooker

Joseph Hooker Papers: JDH/2/16, Letters to William Thiselton-Dyer

Papers of RBGK during the Second World War, WWK/2: Ministry of Agriculture and Fisheries memo to all A.R.P. Personnel

Registered File 1/ADM/41 *Kew Publicity:* Letter from Sir Edward Salisbury, Director of RBG, Kew to CT Houghton, MAFF, dated 29/11/1952

Registered File QE0140 *Maintenance of Palm House - General & General Correspondence: Kew's Contribution to the War Effort*, Ministry of Agriculture press release dated 10th November 1943

Registered File QG416 *Sir Isaac Newton's Apple Tree*

William Dallimore Papers: A Gardener's Reminiscences, including 45 years on the Staff of the Royal Botanic Gardens, Kew, c1950s

John Lindley Papers: Report on the State and Condition of the Royal Gardens, 1838

其他资料来源

Hooker, William Jackson to Talbot, William Henry Fox, 15 February 1848,

Doc. No.: 6109, Fox Talbot Collection, British Library, London

照片版权声明

Front cover: From Kew's collection. Image taken by Nigel Hepper

 The publisher would like to thank the sources below for their kind permission to reproduce images. Every effort has been made to acknowledge correctly and contact the source and/or copyright holders. The Royal Botanic Gardens, Kew and the publisher apologise for any unintentional errors or omissions and would be grateful to be notified of any corrections, which will be incorporated in future editions.

HNR: Henry Ridley Papers (RBG Kew Archives)

KGU: Kew Guild Collection (RBG Kew Archives)

ROS: Reginald Rose-Innes Papers (RBG Kew Archives)

FKW: Frank Kingdon-Ward Papers (RBG Kew Archives)

AWH: Arthur Hill Papers (RBG Kew Archives)

EHW: Ernest Henry Wilson (RBG Library)

Images from the Frank Kingdon-Ward Papers are copyright / reproduced with kind permission of the Royal Geographic Society.

Chapter 2

39, 50 EHW; 52, Gardens rockery HNR/1/2/6/6, Singapore Herbarium HNR/1/2/1/14; 53 EHW (both); 60, MR/449 Miscellaneous Report Gambia Botanic Station 1880-1898, folio 173

Chapter 3

65 EHW; 70, Wollaston HNR/1/4; 71, Snowden and tent KGU/1/9/3/40; 72, Ridley on foot HNR/1/2/9/66; 73, Sedan chair KGU/1/9/3/42, Arthur Hill on horse in Bolivia AWH/4/1; 74, Ridley with a boat HNR/1/2/6/5, EHW; 75, Rose-Innes in car ROS/4/2/10; 76, Rose-Innes with campfire ROS/4/2/10; 77, Rose-Innes in desert ROS/4/8; 78, Snowden group shot KGU/1/ 9/3/43, Frank and Jean Kingdon-Ward FKW/1/38; 80, Turrill with a vasculum KGU/1/9/3/39; 82, Jean on mountainside FKW/3/4/3, Blue poppy FKW/3/4/4, Bridge crossing FKW/3/6; 83, Jean being carried over the river FKW/3/6, Jean with plant FKW/3/4/2; 84-89 all images EHW; 90, Overlooking the lake ROS/4/1/17; 91, Men on mountain ROS/4/1/18, Amongst the plants ROS/4/1/18.

Chapter 4

93, 94, 95, 96 (Victoria Gate and Lion Gate from the Main Road), 98 Queen Charlotte's Cottage, 99, 101 images of the Dripping Well, 103, 104, 105, 106 the Pavilion, 111 Joey the crane, all from the RBG Kew Postcard collection; 102, Japanese Gateway RBG Kew Archives: Kew Pleasure Gardens folio 150; 107, Waitresses reproduced courtesy of Sylvia Shirley; 108, Forenoon Opening, RBG Kew Archives, folio 216: QX Collections.

Chapter 5

121, Air layering KGU/1/9/3/14, Propagating KGU/1/9/3/34 © Fox Photos; 124, Horses with snow plough reproduced courtesy of the Appleby family; 124,125, reproduced courtesy of Wendy Pollard; 127, Three female gardeners and Annie Gulvin KGU/1/9/3/262; 134, KGU/1/9/2/199; 135, John Hutchinson KGU/1/9/3/22; 135, Two women in mounting room © Bersen's International Press Service; 136, lower right, Stella Ross-Craig; 137, Ann Webster © RBG Kew Archives, taken by Francis Ballard; 138, KGU/1/9/3/31; 140, KGU/1/9/1/112; 141, Wood Museum © Keystone; 142, Kew Guild dinner KGU/1/9/1/112; 143, Tea party KGU/1/9/3/3, Botany club, Nigel Hepper Collection; 144, Tennis club KGU/1/9/1/129; 145, Football club KGU/1/9/1/42; 147, Demo Plot © Fox Photos.

Chapter 6

149, J. B. Reardon KGU/1/9/2/88, Frank KGU/1/9/2/142; 153, Herbarium with sandbags / 154, First Aid Station photograph, 155, WB Turril dressed in gas suit, all © RBG Kew taken by Francis Ballard; 157, Seed demonstration KGU/1/9/3/7; 160, © Keystone; 161, Land girls KGU/1/9/1/130, M.R.F. Taylor KGU/1/9/2/45 taken by Francis Ballard; 162, 163, women gardeners, © Keystone; 164, Woman pruning blossoms © Illustrated; 165 right, 166, 167, 168, 169, 170 women gardeners, all © Keystone; 171, © Women's Illustrated; 172, J.W. Sutch KGU/ 1/9/2/43, A.K. Jackson KGU/1/9/2/49; 172, Bomb damage, Kew Road, reproduced by kind permission of Richmond Local History Library, from their collections.

Chapter 7

176, Australia House © Fox Photos

/ 178, AEFAT Conference, Nigel Hepper Collection / 181 KGU/1/9/3/6; 188 KGU/1/9/3/6 / 190, 191 RBG Kew School of Horticulture Slide Collections / 191, Scarecrow KGU/1/9/2/115; 192, 193, Student photo album, RBG Kew Archives: QX Collections / 194, 1969 Intake graduation KGU/1/9/3/97, with kind permission from Alan Titchmarsh / 204, images of 1960s germination © and kind permission of John Simmons, 1970 germination © and kind permission of Stewart Henchie.

内容简介

本书以照片的形式记录了邱园成长为一个大型公共机构的历史，讲述了一座充满爱的植物园的故事。其中囊括了邱园景观建筑的建造历程、邱园如何收集植物和接待游客、邱园各部门员工的协调配合，以及邱园在战争年代受到的创伤和战后的复兴等历史记忆。近代摄影技术的发展使得这些历史细节得以保存，并以图像的形式呈现在读者面前，翻阅这本由照片串联起的“故事书”，我们仿佛走进了邱园一个多世纪的发展历程，看到和听到那一个个美好瞬间中的人和事……

作者简介

【英】林恩·帕克，邱园的艺术品和文物的助理策展人。

【英】基里·罗斯－琼斯，邱园的档案管理员和记录经理。

译者简介

陈莹婷，毕业于中国科学院植物研究所，中国科普作家协会会员，现任中国科学院植物研究所国家植物标本馆技术员。著有《磕·做一只会吃的松鼠》（中国国家地理·图书）、《台纸上的植物世界》（科学普及出版社）、《物种一百·黑龙江卷》（科学出版社），译有《餐桌植物简史》（商务印书馆），常在《知识就是力量》《生命世界》《花卉》《我们爱科学》等杂志发表科普文章。